Springer Lehrbuch

Springer

Berlin
Heidelberg
New York
Barcelona
Budapest
Hongkong
London
Mailand
Paris
Santa Clara
Singapur
Tokyo

Helmut Geupel

Konstruktionslehre

Methodisches Konstruieren
für das praxisnahe Studium

Mit 180 Abbildungen

 Springer

Prof. Dr.-Ing. Helmut Geupel

Sonnenläng 10a
D-82041 Oberhaching-Furth

ISBN-13:978-3-540-60625-3 Springer-Verlag Berlin Heidelberg New York

Die Deutsche Bibliothek – CIP-Einheitsaufnahme

Geupel, Helmut: Konstruktionslehre: methodisches Konstruieren für das praxisnahe Studium / Helmut Geupel. –
Berlin; Heidelberg; New York; Barcelona; Budapest; Hongkong; London; Mailand; Paris; Santa Clara; Singapur;
Tokio: Springer, 1996 (Springer-Lehrbuch)
ISBN-13:978-3-540-60625-3   e-ISBN-13:978-3-642-61098-1
DOI: 10.1007/978-3-642-61098-1

Die Wiedergabe von Gebrauchsnamen, Handelsnamen, Warenbezeichnungen usw. in diesem Werk berechtigt auch
ohne besondere Kennzeichnung nicht zu der Annahme, daß solche Namen im Sinne der Warenzeichen- und Mar-
kenschutz-Gesetzgebung als frei zu betrachten wären und daher von jedermann benutzt werden dürften.

Sollte in diesem Werk direkt oder indirekt auf Gesetze, Vorschriften oder Richtlinien (z.B. DIN, VDI, VDE) Bezug
genommen oder aus ihnen zitiert worden sein, so kann der Verlag keine Gewähr für Richtigkeit, Vollständigkeit oder
Aktualität übernehmen. Es empfiehlt sich, gegebenenfalls für die eigenen Arbeiten die vollständigen Vorschriften oder
Richtlinien in der jeweils gültigen Fassung hinzuzuziehen

Satz: Datenkonvertierung durch Satztechnik Neuruppin GmbH, Neuruppin

SPIN 10475320   62/3020- 5 4 3 2 1 0   Gedruckt auf säurefreiem Papier

Vorwort

Dieses Buch ist als Lehrbuch für die Basisausbildung vornehmlich an Fachhochschulen in den ersten Studiensemestern und als Nachschlagewerk und Ergänzung für die weiteren Semester vorgesehen.

Das Buch verfolgt ein bestimmtes didaktisches Konzept.

Wenn im 3. Studienabschnitt (7. + 8. Semester) Konstruktionsaufgaben mit höheren Anforderungen in Projektarbeit gestellt werden und Fragen des Konstruktionsmanagements zur Verkürzung der Einarbeitungszeit in der Konstruktion behandelt werden sollen, müssen schon im 2. Studienabschnitt Konstruktionsaufgaben mittlerer Anforderungen – auch in CAD – methodisch und praxisnah bearbeitet werden. Der Student muß folglich ausgehend von gestellten Anforderungen ein Produkt konzipieren, entwerfen und ausarbeiten, wobei er wirtschaftlich, systematisch und zielstrebig vorzugehen hat.

Die Folge dieses Ausbildungszieles ist, daß im 1. Sudienabschnitt im Fach Konstruktion die gesamte Basisausbildung erfolgen sollte, auch wenn viele Kenntnisse von konstruktionsrelevanten Fächern noch fehlen.

Diese Basisausbildung beinhaltet das Methodische Konstruieren mit der Ablauffolge Konzept – Entwurf – Ausarbeitung. Weil dieser Konstruktionsablauf vornehmlich in Synthese-Richtung (vom Abstrakten zum Konkreten) erfolgt und der Mensch komplexe Vorgänge einfacher in Analyse-Richtung (vom Konkreten zum Abstrakten; vom Ganzen zum Detail) erfaßt, wird die Struktur des Konstruierens in einer dem Ablauf entgegengesetzten Richtung gelehrt (Ausarbeitung – Entwurf – Konzept). Der Entwurf und das Konzept erfordern zudem Kenntnisse hinsichtlich der Fertigung und des allgemeinen Zusammenwirkens der Bauteile, weswegen diesen beiden Kapiteln noch die Konstruktiven Grundlagen vorgeschaltet sind.

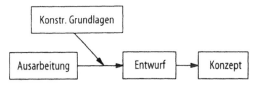

Ablauf der Konstruktionslehre

Diese Konstruktiven Grundlagen werden im Buch ausführlicher behandelt, als sie im ersten Studienabschnitt vermittelt werden müssen und können. Wesentlich dabei ist, daß der Student frühzeitig für diese Gesichtspunkte sensibilisiert wird, während vieles auch als Unterstützung für die oberen Semester dient.

Andererseits kann und will das Buch Literatur über Technisches Zeichnen und Maschinenelemente nicht ersetzen. Diese Bücher sind vielmehr notwendige Ergänzung.

Die Kenntnisse der Studienanfänger hinsichtlich des Technischen Zeichnens sind sehr unterschiedlich. Das Spektrum reicht von null bis zur abgeschlossenen Zeichnerlehre. Die konstruktive Ausbildung kann zügig und effektiv gestaltet werden, wenn Stützkurse von Tutoren die unterschiedlichen Anfangskenntnisse ausgleichen helfen. Im Kapitel „Ausarbeitung" werden bezüglich der Technischen Darstellung nur einführende und grundsätzliche Gedanken aufgegriffen, hinsichtlich der genormten Darstellung wird auf Bücher für das Technische Zeichnen verwiesen.

Das Ausbildungsziel dieses Buches ist es, gleich zu Beginn des Studiums die Methode des Konstruierens zu erlernen und mit notwendigerweise bescheidenem Fachwissen zu erfahren.

Wichtig ist dann, daß dieses methodische Grundwissen in den folgenden Semestern – auch ergänzt mit zusätzlichen Informationen aus anderen Fächern – eingeübt und erweitert wird. So kann die Gesamtausbildung zur Förderung innovativer Konstrukteure beitragen.

Danken möchte ich meinen Kollegen, insbesondere den Herren Effenberger und Stössel, für wertvolle Anregungen zu diesem Buch, Herrn Markus Wirth für seinen unermüdlichen Einsatz bei der Erstellung der Bilder und nicht zuletzt Herrn Kollegen Ehrlenspiel für dessen sich anschließendes Geleitwort.

im Januar 1996   Helmut Geupel

Geleitwort

Es ist eine wichtige, aber auch schwere Aufgabe, einem jungen technisch und konstruktiv kaum erfahrenen Studenten das konstruktive Gestalten, ja sogar das methodische Konzipieren nahezubringen. Der Stoff soll ja nicht nur verstanden werden, sondern er soll auch so anschaulich und eindringlich gebracht werden, daß der Student in die Anwendung gehen kann und durch Üben erfahrener wird.

Dies, so scheint mir, ist in diesem Buch gut gelungen. Interessant und didaktisch einsichtig ist es, den Stoff umgekehrt zu bringen wie er im praktischen Konstruktionsprozeß entsteht: Zuerst die konkrete, leichter verständliche Endzeichnung in der Ausarbeitung, dann das Entwerfen und am Schluß das eher abstrakte Konzipieren mit der Funktionsbetrachtung.

Möge das Buch zum Spaß am Konstruieren und zu konkurrenzfähigen Produkten verhelfen.

im Januar 1996   Klaus Ehrlenspiel

Inhaltsverzeichnis

Konstruktive Grundlagen

Fertigungsgerechtes Konstruieren

Einführung

1
Aufgabe der Konstruktion

Während die Aufgabe des Ingenieurs allgemein die Lösungsfindung für technische Probleme darstellt, ist die des Konstrukteurs die vollständige gedankliche Realisierung von Ideen. Unter der Realisierung versteht man die Festegung, die Definition eines Produktes bis ins letzte körperliche Detail.

Der Konstrukteur nutzt dazu naturwissenschaftliche Kenntnisse, muß diese in schöpferisch geistigen Tätigkeiten anwenden und optimiert sein Arbeitsergebnis hinsichtlich der ihm auferlegten stofflichen, technologischen und wirtschaftlichen Beschränkungen.

Diese Tätigkeiten kann der Konstrukteur nur erfüllen, wenn er auch Lösungen analysiert, Schäden rekonstruiert und mögliche Folgen überdenkt. Der Konstrukteur benötigt für seine Tätigkeit ein gutes Vorstellungsvermögen, muß Entscheidungsfreudigkeit besitzen, aber auch Verantwortung übernehmen. Die genaue Festlegung aller Daten verlangt Gewissenhaftigkeit und eine notwendige Zusammenarbeit mit vielen Betriebsstellen, sie setzt Kontaktfreudigkeit und Teambereitschaft voraus. An den Konstrukteur werden also hohe Anforderungen gestellt.

Unter Konstruktion versteht man sowohl das Arbeitsergebnis eines Konstrukteurs als auch seine Organisationseinheit.

2
Arbeitsablauf in einer Firma mit Entwicklung und Produktion

Der Auftrag oder der Wunsch eines oder mehrerer Kunden ist der Ausgangspunkt und die Übergabe eines Produktes an den oder die Kunden das Ziel einer Entwicklung, einer Konstruktion. Der Kunde gibt entweder einen konkreten Auftrag für ein Produkt mit ganz bestimmten Eigenschaften oder der Betrieb entwickelt von sich aus ein Produkt, von dem beabsichtigt ist, daß es den derzeitigen oder künftigen Wünschen von Kunden entspricht, mit dem Ziel, diese anschließend für einen Kauf des Produktes zu gewinnen.

Immer werden die Ideen dafür in der Konstruktion konkretisiert und realisiert, die oft im praktischen Versuch noch überprüft werden. Das Arbeitsergebnis sind Fertigungsunterlagen, die das Produkt in allen Einzelteilen vollständig definieren und die für die Produktion freigegeben werden.

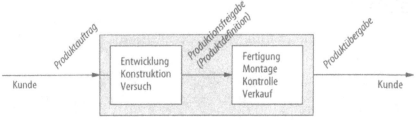

Bild 1.1. Arbeitsablauf in einer Firma mit Entwicklung und Produktion

Die Konstruktion oder Fertigungsplanung entscheidet dann darüber, ob Produktteile auswärts (Zulieferer) oder im Haus (Eigenfertigung) hergestellt und welche Werkzeugmaschinen wann dafür eingesetzt werden. Der Einkauf erteilt Aufträge an Zulieferer, während die Fertigung (Eigenfertigung) die selbst hergestellten Teile an die Montage anliefert. Während und nach der Fertigung und der Montage der Bauteile wird die Qualität kontrolliert. Der Verkauf hat für den Absatz am Markt zu sorgen, der Kundendienst muß die Produkte warten und reparieren.

Weil die Konstruktion das Produkt ganz wesentlich prägt, folglich auch über die Tätigkeiten beim Zulieferer, in der Fertigung, der Montage, der Kontrolle und im Kundendienst weitgehend entscheidet, muß ein intensiver Kontakt zwischen diesen Stellen einschließlich dem Verkauf mit der Konstruktion bestehen. Oft muß deswegen die Konstruktion mit Zielkonflikten leben (der Wunsch nach Fertigungserleichterung kann dem Streben nach Funktionserfüllung entgegenstehen, das Verlangen nach höherer Lebensdauer des Produktes kann den gesetzten Rahmen der Herstellkosten sprengen und den Interessen des Kundendienstes widersprechen).

Der Konstrukteur muß folglich das Produkt – wenn auch mit Kompromissen – gleichzeitig funktions-, beanspruchungs-, fertigungs- und montagegerecht entwickeln.

Die Fertigungsunterlagen können ausgehend von expliziten oder angenommenen Kundenwünschen nur in komplexen Arbeitsschritten erstellt werden.

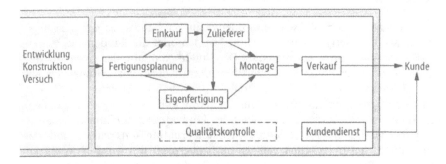

Bild 1.2. Arbeitsablauf im Betrieb

Bild 1.3. Arbeitsablauf in der Konstruktion

Beim Methodischen Vorgehen entwickelt der Konstrukteur zuerst das KONZEPT, das in die skeletthafte Lösung mündet. Anschließend erstellt der Konstrukteur den ENTWURF, der das bauliche Zusammenwirken der gestalteten Bauteile beinhaltet. Die folgende AUSARBEITUNG hat die genaue Definition aller Bauteile, auch der Baugruppen zum Ziel. Diese Unterlagen sind dann Teil der für die Produktion freizugebenden Fertigungsunterlagen.

Größere Organisationseinheiten der Konstruktion müssen untergliedert werden. Hierfür bietet sich eine funktionsorientierte bzw. eine projektorientierte Gliederung an.

Bei der funktionsorientierten Gliederung wird die Konstruktion in Fachgruppen unterteilt, z.B. Konstruktionsgruppe für Massivbauteile, Blechkonstruktion, Elektronik, Hydraulik. Spezialisten bearbeiten spezielle Baugruppen aller Produkte.

Bei der projektorientierten Gliederung bearbeiten Konstruktionsgruppen nur bestimmte Produkte und Projekte, die aber vollständig.

In kleineren Konstruktionsabteilungen wird meist die funktionsorientierte Gliederung bevorzugt, um die vorhandenen Kapazitäten optimal zu nutzen und die Konzept- und Teilevielfalt zu reduzieren.

In Großfirmen dagegen findet wieder ein Trend zurück zur projektorientierten Gliederung statt, um die Kommunikation zu vereinfachen, Nahtstellenprobleme zu verringern und die Verantwortung für das Gesamtprodukt zu konzentrieren.

3
Bedeutung der Konstruktion

In Bild 1.1 ist der technische Ablauf in einer Firma dargestellt, der mit dem Produktauftrag beginnt und mit der Produktübergabe an den Kunden endet.

Innerhalb dieses Ablaufes ist die Produktionsfreigabe (Produktdefinition) das wichtigste Ereignis.

Mit der Produktdefinition ist der Gebrauchswert, die Qualität, die Zuverlässigkeit, aber auch die Wirtschaftlichkeit eines Produktes weitgehend festgelegt.

Das drückt sich beispielsweise darin aus, daß die Herstellkosten in etwa zu 75% von der Konstruktion beeinflußt werden. Die Fertigung, Montage und der Einkauf können wirtschaftlich vergleichsweise nur mehr wenig bewirken. Die anderen Kriterien können weniger gut quantifiziert werden. Im Gebrauchswert – der Funktion – ist der konstruktive Einfluß auf das Produkt sicher aber noch bedeutsamer.

Natürlich muß – wie erwähnt – der Konstrukteur alle Notwendigkeiten der nachfolgenden Stellen mitberücksichtigen und muß deshalb in intensivem

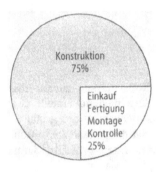

Bild 1.4. Beeinflussung der Herstellkosten

Kontakt mit ihnen stehen. Er wird aber bald erkennen, daß er wegen der vielen Zielkonflikte selbst abwägen und entscheiden muß.

Seine Ideen aber und seine Entscheidungen beeinflussen ganz wesentlich die Konkurrenzfähigkeit der erzeugten Produkte. Unser Technik-Standort mit vergleichsweise sehr hohen Personalkosten kann nur bestehen, vielleicht auch noch ausgebaut werden, wenn überzeugende Innovationen geschaffen werden. Der Konstrukteur ist hierfür in erster Linie verantwortlich.

1
Darstellung der Bauteile

Unter der Ausarbeitung versteht man die Erstellung der Fertigungsunterlagen. Das sind alle Unterlagen, die technisch und organisatorisch notwendig für die Herstellung und Wartung sind. Hierzu zählen vornehmlich die Darstellung der Bauteile (z.B. Zeichnungen) und die Stückliste (Auflistung aller Bauteile; ihre Übersicht).

Auf weitere Unterlagen, die vor allem in Großbetrieben organisatorisch notwendig sind, wird hier nur ansatzweise eingegangen. Sie sind zum Verständnis der Basis des Konstruierens nicht unbedingt notwendig.

1.1
Anforderungen an eine technische Darstellung

Mit der Produktionsfreigabe müssen alle Daten, die zur Definition des Produktes notwendig sind, an die organisatorisch nachfolgenden Bereiche weitergegeben werden. Die notwendigen Daten beziehen sich dabei vor allem auf die Geometrie und den Werkstoff.

An die Darstellung dieser Daten sind folgende Anforderungen zu stellen:

I. Anforderung: Der Konstrukteur muß in dem Darstellungsmedium (z.B. einer Zeichnung) einerseits bestimmte quantitative geometrische Daten (z.B. Maße) erzeugen können (z.B. Querschnitte aus Festigkeitsgründen), andererseits muß er Daten zur Festlegung auch quantitativ aus der Darstellung entnehmen können. Das führt zur Forderung, daß die Daten in der Darstellung in ihrem wahren Wert (z.B. Maße in ihrer wahren, zumindest maßstäblichen Länge) aufscheinen müssen. Nur so sind diese auch auf einfache Art überprüfbar.

II. Anforderung: Die Daten sollen im Stadium des Entstehens einfach von ungefähren Werten zu genauen präzisierbar sein, müssen bei der fortschreitenden Konkretisierung schnell korrigierbar sein.

III. Anforderung: Die Daten werden an viele Stellen weitergegeben und sollen dort schnell verarbeitet werden. Deswegen müssen die Daten in dem Darstellungsmedium dicht speicherbar, schnell übertragbar, gut erfaßbar und abrufbar sein.

1.2
Darstellung von Körpern in der Geschichte

Plastiken und Höhlenmalereien erstellte der Mensch schon in der jüngeren Altsteinzeit. Er bildete dabei Körper (z.B. Köpfe, Tiere) dreidimensional in Stein, später auch in Ton und Holz ab. Er nutzte aber in der Malerei auch die zweidimensionale Darstellung, so wie sie sich auch in unserem Auge auf der Netzhaut vollzieht.

Die Erfindung des Papyrus (der Vorstufe des Papieres) im 3./4. Jahrtausend v. Chr. erlaubte eine Datenfülle einfach, transportabel auf engem Raum zu speichern, während vorher Daten nur in dicke Steinplatten eingeschlagen wurden.

Zwischen Altertum und Mittelalter entwickelte in der Malerei das Bestreben nach wirklichkeitsgetreuer Abbildung die perspektivische Zentral- und Parallelprojektion.

Die Erfindung der Photographie führte zur automatischen naturgetreuen Darstellung.

In jüngster Zeit wurde das Medium Papier teilweise ergänzt und ersetzt durch die elektronische Datenverarbeitung.

1.3
Möglichkeiten der technischen Darstellung

1.3.1
Dreidimensionale Darstellung

Die Darstellung als körperliches Modell evtl. ergänzt durch die Angabe der zulässigen Herstellungstoleranzen scheidet als Möglichkeit aus, weil damit die II. und III. Anforderung nicht erfüllt werden. Beispielsweise ist ein schnelles Korrigieren in der Entstehungsphase und ein schnelles Abrufen der Daten von Einzelteilen im zusammengebauten Zustand nicht praktikabel, ganz zu schweigen vom umständlichen Datentransport.

Die elektronische Datenverarbeitung hat jedoch dazu geführt, daß heute alle Körper dreidimensional darstellbar, speicherbar und wieder abrufbar sind. Diese Modelle sind leicht korrigierbar, übertragbar und zur Erkennung der wahren Längen auch entsprechend schwenkbar. Die Definition des Produktes als 3-D-Darstellung ist deswegen auch vorteilhaft, weil die Daten direkt zur automatischen Weiterverarbeitung (z.B. zur Erstellung einer Gußform oder eines Schmiedegesenkes) geeignet sind und so oft einen schnellen und wirtschaftlichen Arbeitsablauf ermöglichen. Der Trend zu dieser Darstellungsart wird sich deswegen in der Zukunft noch verstärken.

1.3.2
Zweidimensionale Darstellung

Der Aufwand der elektronischen 3-D-Darstellung ist heute noch sehr groß, so daß diese Darstellungsart dann angewendet wird, wenn die räumlichen Ver-

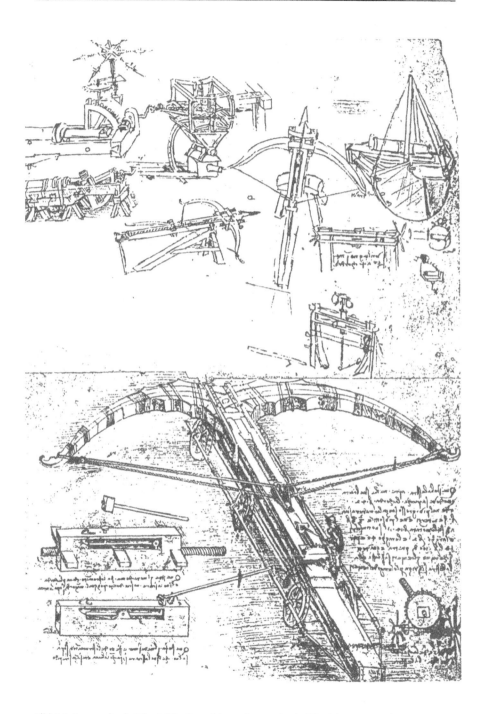

Bild 2.1. Leonardo da Vinci: Wurfmaschinen. Leonardo da Vinci (1452–1519) hat viele selbsterdachte Maschinen perspektivisch dargestellt

hältnisse sehr komplex sind und/oder die mögliche Weiterverarbeitung der Daten zu einer insgesamt wirtschaftlichen Lösung führt.

In allen anderen Fällen wird heute noch die zweidimensionale Darstellung bevorzugt, die in Form von Zeichnungen auch dorthin transportierbar ist, wo keine Bildschirme vorhanden sind.

Die Darstellung in Form einer perspektivischen Parallel- oder gar einer Zentralprojektion scheidet aus, weil die wahren Längen nicht erkennbar sind. In der Parallelprojektion ist zwar das Verzerrungsverhältnis in jeder gegebenen Richtung bestimmbar, aber die Richtung im Raum ist zweidimensional durch eine Darstellungsebene nicht definierbar.

In der Karthographie besteht das Problem, die unregelmäßig geformte Erdoberfläche zweidimensional abbilden zu wollen (z.B. auf Wanderkarten). Hier bedient man sich zur Darstellung der 3. Dimension der Höhenlinien. Die Höhenlinien sind Begrenzungen von waagrechten, also höhengleichen Schnitten in der Landschaft. Die 3. Dimension wird folglich durch eine Vielzahl von Schnitten ersetzt.Die Gestalt zwischen den Schnitten ist dabei zwar eingrenzbar, aber nicht genau definierbar.

Auch in der Karosseriekonstruktion wendet man diese Methode an. Hier ist neben der gleichfalls oft unregelmäßig gestalteten Oberfläche der tiefgezogenen Blechteile zur Definition noch die Angabe der Blechdicke notwendig.

Im Gegensatz dazu ist ein technisches Produkt im Maschinenbau einerseits komplexer, weil nicht nur eine Oberfläche zu definieren ist, sondern das Produkt oft aus vielen Teilen besteht und diese wiederum Außen- und Innenkonturen besitzen. Andererseits ist die Gestalt der Teile des Produktes meist aus einfachen geometrischen Grundkörpern zusammengesetzt, schon wegen der i.allg. einfacheren Herstellung. Es bietet sich an, die Grundkörper so darzustellen, daß ihre Ansichten und/oder geeignete Schnitte die charakteristischen Maße in wahrer Größe wiedergeben.

Ziel ist es, mit möglichst wenig Einzeldarstellungen das Bauteil vollständig zu definieren. Damit ist die Bauteildefinition auch anderen meist am schnellsten zu übermitteln.

1.4
Zweidimensionale Darstellung der Bauteile im Maschinenbau

1.4.1
Normen, Grundsätze und Hinweise

Die obige Darstellung erfolgt in der rechtwinkligen Parallelprojektion als Mehrtafelprojektion auf senkrecht zueinander stehende Ebenen (z.B. Vorderansicht oder Aufriß, Draufsicht oder Grundriß, Seitenansicht oder Seitenriß).

Diese Darstellungsweise samt aller notwendigen quantitativen Geometrie- (z.B. Bemaßung) und Werkstoffangaben ist in Normen festgelegt, die hier nicht behandelt werden. Es wird diesbezüglich auf Bücher des Technischen Zeichnens verwiesen.

Einige Grundsätze dazu sollen hier dennoch erwähnt werden:

1. Die Zeichnung muß verständlich aufgebaut und schnell lesbar sein (Weil die Zeichnung das verbindliche Verständigungsmittel zwischen vielen Betriebsstellen darstellt, soll sie schnell und sicher – ohne Mißverständnisse – erfaßt werden können.).
2. Jedes Bauteil ist geometrisch eindeutig zu definieren, d.h. es darf weder zuwenig noch zuviele Maße beinhalten.

Beispiel 2.1. Überbestimmte Bemaßung

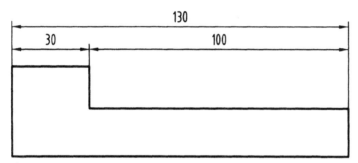

Allgemeintoleranzen ISO 2768-m

Bei der überbestimmten Bemaßung ist nicht nur ein Maß überflüssig (im Bild 30, 100 oder 130), die überbestimmte Bemaßung ist auch widersprüchlich.
Erklärung: Weil Toleranzangaben fehlen, gelten die Allgemeintoleranzen.

30	bedeutet	$30\pm0,2$
100	bedeutet	$100\pm0,3$
130	bedeutet	$130\pm0,5$

Strebt der Hersteller das Maß 100 an, so wird er es mit der zulässigen Toleranz $\pm0,3$ verwirklichen.
Strebt er die tolerierten Maße $30\pm0,2$ und $130\pm0,5$ an, so ergibt sich der Absatz zwangsläufig mit einem Maß $100\pm0,7$, also im Gegensatz zur Maßangabe.

3. Alle Maße werden als Nennmaße dargestellt (Zulässige Abweichungen sind durch Toleranzangaben festzulegen).
4. Jedem Bauteil wird eine Teilnummer und diese nur wieder jenem Bauteil zugeordnet.
5. Normteile besitzen ebenfalls eine Teilnummer. Für Normteile werden aber keine Zeichnungen erstellt, weil jene schon durch eine Norm definiert sind.

Folgende Hinweise tragen zur Übersichtlichkeit bei:

1. Werte, die für das gesamte Bauteil gelten, können pauschal angegeben werden (z.B. Gußradien $R = 5$).

2. Die Verwendung zweidimensionaler Bemaßungszeichen kann Ansichten bzw. Schnitte vermeiden, weil sie den Querschnitt senkrecht zur Zeichenebene definieren.
Häufig können deswegen damit 3-dimensionale Bauteile durch nur eine 2-dimensionale Darstellung eindeutig definiert werden.

Symbol-und Maßangabe	geometrische Form
Ø 10	Durchmesser
□ 20	quadratischer Vierkant
M 30	Gewinde (Nenndurchmesser)
SW 40	Sechskant (Schlüsselweite)
SR 32	Kugelradius
SØ 80	Kugeldurchmesser
t = 3	Blechdicke

Bild 2.2. Zweidimensionale Bemaßungszeichen

3. Bauteilsymmetrien sollen zur Darstellung weiterer Konturen genutzt werden. Dadurch können zusätzliche Ansichten bzw. Schnitte vermieden werden.

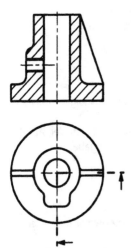

Bild 2.3. Bauteilsymmetrie

1.4.2
Grundkörperzerlegung

Wie schon erwähnt ist die Form technischer Bauteile oft aus geometrisch einfachen Grundkörpern zusammengesetzt. Die wichtigsten dabei sind der Rotationskörper, die Säule und der Pyramidenstumpf.

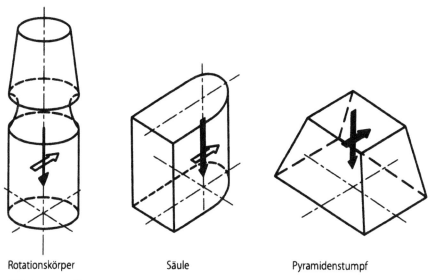

Rotationskörper   Säule   Pyramidenstumpf

Bild 2.4. Grundkörper

Zeichenerklärung:
langer Pfeil: Richtung der Grundkörperachse
kurzer Pfeil: Richtung senkrecht zu dieser Achse
dicker Pfeil: Richtung für notwendige Ansicht oder notwendigen Schnitt
– dicker hohler Pfeil: ... in beliebiger Richtung senkrecht zur Achse
– dicker voller Pfeil: ... in bestimmter Richtung senkrecht zur Achse

Unter einem Rotationskörper wird ein Körper verstanden, dessen Volumen durch die Rotation einer Fläche um eine Achse überstrichen wird.

Eine Säule ist ein Körper, dessen Querschnittsfläche in Form und Lage längs der Säulenachse konstant bleibt.

Ein Pyramidenstumpf ist ein Körper, dessen meist rechteckige Querschnittsfläche sich ausgehend von einer Grundfläche längs einer Achse bei geraden Mantellinien ähnlich verkleinert.

Die drei dargestellten Grundkörper haben eine senkrechte Achse.

Der Rotationskörper ist ausschließlich durch eine Ansicht in beliebiger Richtung senkrecht zur Achse oder einen entsprechenden Schnitt definierbar. Die Rundheit wird durch die ⌀-Angabe festgelegt.

Die Säule ist durch ihren Grundriß (Ansicht in Achsrichtung) bzw. einen entsprechenden Schnitt und einen Seitenriß (beliebige Ansicht senkrecht zur Achsrichtung) eindeutig darstellbar.

Der Pyramidenstumpf kann ebenfalls durch seinen Grundriß und einen Seitenriß, den aber in Richtung der geneigten Flächen, festgelegt werden.

Die Zahl der dadurch als notwendig erkannten Ansichten und Schnitte kann sich vergrößern, wenn sich die Konturen der Grundkörper gegenseitig verdecken. Außerdem muß auch die Lage der Grundkörper zueinander durch wahre Größen dargestellt werden.

Beispiel 2.2. Technische Darstellung

Schrägbild:

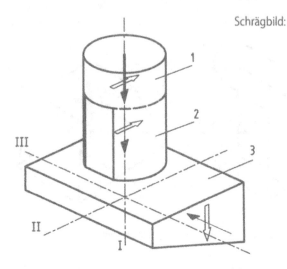

Obiges Teil besteht aus drei Grundkörpern, dem Rotationskörper 1 und den Säulen 2 und 3.

Die Säulen 2 und 3 erfordern eine Ansicht in die Richtungen I (Draufsicht) und III (Seitenansicht). Die jeweils dazu notwendige senkrechte Ansicht wird dadurch automatisch erreicht.

Der Rotationskörper 1 beansprucht nur eine Ansicht senkrecht zur Richtung I. Die Seitenansicht in Richtung III erfüllt diese Forderung.

Darstellung in Zeichnung:

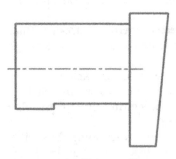

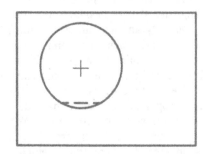

Seitenansicht (Richtung III)   Draufsicht (Richtung I)

Schrägbild:

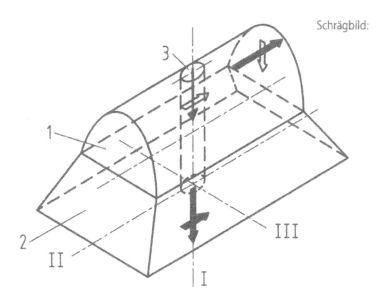

Das Bauteil besteht aus der Säule 1, dem Pyramidenstumpf 2 und dem Rotationskörper (Bohrung) 3.

Der Pyramidenstumpf 2 verlangt eine Draufsicht (Richtung I) und die Säule 1 eine
Ansicht in Richtung II. Damit sind auch gleichzeitig alle anderen Forderungen zur Darstellung erfüllt (Pyramidenstumpf 2: Ansicht auch in Richtung II oder III; Rotationskörper 3: Ansicht/Schnitt in Richtung II oder III).

Darstellung in Zeichnung:

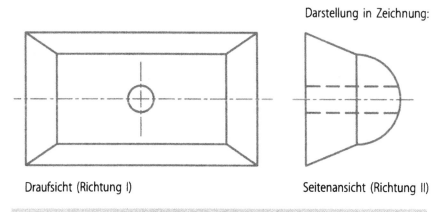

Draufsicht (Richtung I)   Seitenansicht (Richtung II)

1.4.3
Darstellung der Einzelteile, der Baugruppen und des Produktes

1.4.3.1
Begriffe

Bezüglich der darzustellenden Bauteile und ihrer Zeichnungen sind Begriffe genormt bzw. üblich. Die wichtigsten werden nachfolgend definiert:

1. Einzelteil ist ein Teil, das mit noch keinem anderen verbunden bzw. gefügt wurde.
2. Baugruppe ist ein fest gefügtes Teil, das aus Einzelteilen und/oder Baugruppen niedriger Fügestufe (Unterbaugruppen) besteht und einen Zwischenzustand bei der Herstellung eines Produktes darstellt.

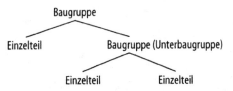

3. Produkt ist ein Gerät in seinem Endzustand, Gebrauchszustand (z.B. eine Anlage, eine Maschine).
4. Bauteil ist der Oberbegriff für Einzelteil, Baugruppe und Produkt.
5. Einzelteilzeichnung ist die Zeichnung eines Einzelteiles.
6. Gruppenzeichnung ist die Zeichnung einer Baugruppe.
7. Gesamtzeichnung ist die Zeichnung des Produktes.
8. Zeichnungssatz ist die Gesamtheit aller Zeichnungen zur Herstellung eines Produktes.

1.4.3.2
Einzelteilzeichnung

Die Einzelteilzeichnungen werden wie auch die anderen nach Zeichnungsnormen erstellt. Sie besitzen ein Schriftfeld, das u.a. die Teilbezeichnung, die Teilnummer und die Angabe des Werkstoffes bzw. entsprechende Angaben beinhaltet.

Beispiel 2.4. Einzelteilzeichnungen für Winkel/1; Rohr/2; Achse/7; Platte/10; Hebel/14 (siehe Zeichnungssatz des Hebelbockes auf den folgenden Seiten)

Zeichnungssatz eines Hebelbockes

Die folgenden Zeichnungen stellen den Zeichnungssatz eines Hebelbockes dar, der als Beispiel für die Darstellung von Einzelteilen, Baugruppen und des Produktes dient.

Die Schriftfelder sind darin stark vereinfacht, sie beinhalten ausschließlich die Werkstoffangabe bzw. entsprechende Angaben, Teilbezeichnung und Teilnummer.

Außerdem sind folgende Normteile zur Herstellung des Hebelbockes notwendig:

Anzahl	Teilbezchng.	Teilnr.	Normbezeichnung
1	Buchse	3	Buchse DIN 1850-G20×26×30Y-CuSn8
2	Bundbuchse	4	Buchse DIN 1850-U20×26×15-CuSn8
4	Schraube	5	Sechsk.-Schraube DIN 933-M8×16×8.8
4	Mutter	6	Sechsk.-Mutter DIN 970-M8-8
1	Scheibe	8	Stützscheibe DIN 988-S20×2,8
1	Sich.-Ring	9	Sich.-Ring DIN 471-20×1,2

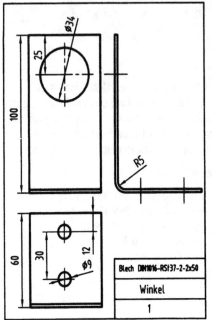

Blech DIN1016–RSt37-2-2x50

Winkel

1

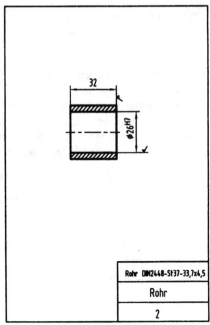

Rohr DIN2448–St37-33,7x4,5

Rohr

2

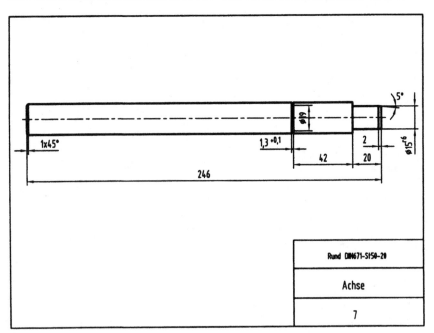

Rund DIN671-St50-20

Achse

7

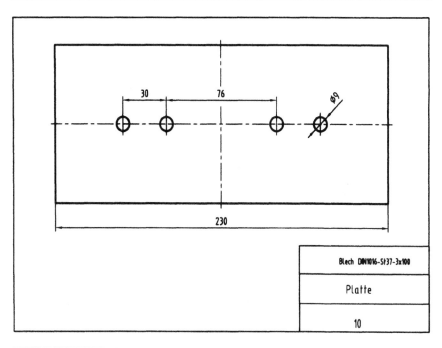

| Blech DIN1016-St37-3x100 |
| Platte |
| 10 |

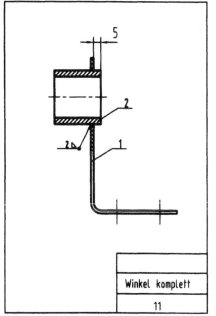

| Winkel komplett |
| 11 |

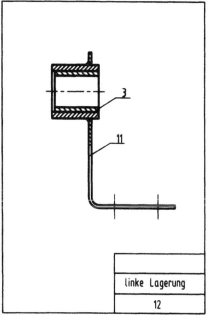

| linke Lagerung |
| 12 |

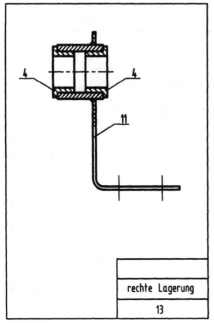

rechte Lagerung

13

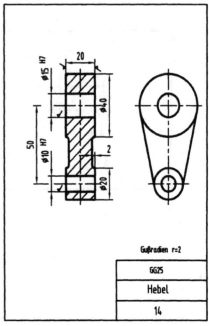

Gußradien r=2

GG25

Hebel

14

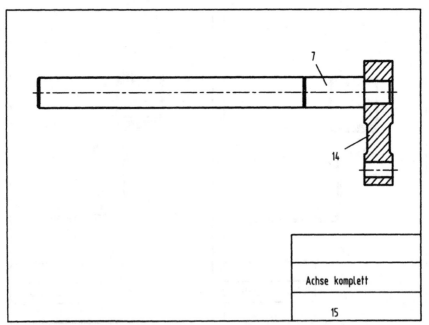

Achse komplett

15

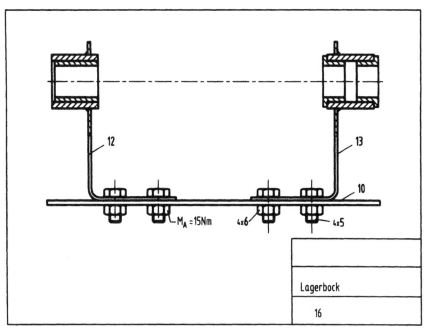

Lagerbock

16

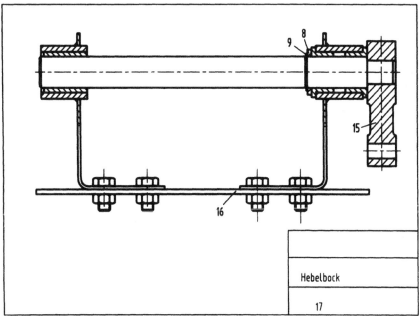

Hebelbock

17

1.4.3.3
Gruppenzeichnungen

Eine Baugruppe wird als Verbindung ihrer Einzelteile und/oder Unterbaugruppen dargestellt. Diese Teile werden in der Gruppenzeichnung nicht nochmals bemaßt, denn sie sind schon in ihren jeweiligen Zeichnungen definiert. Sie werden aber in der Gruppenzeichnung mit ihrer Teilnummer gekennzeichnet.

Beispiel 2.5. Gruppenzeichnungen für Winkel kpl./11; linke Lagerung/12; rechte Lagerung/13; Achse kpl./15; Lagerbock/16

Zusätzliche Angaben in einer Gruppenzeichnung sind notwendig, wenn die Lage der Einzelteile zueinander noch definiert und/oder Fügeerfordernisse (z.B. Schweißnahtausführung, Schraubenanzugsmoment) angegeben werden müssen.

Sind keine solche zusätzlichen Angaben erforderlich und ist die Zuordnung der Teile aus der Zeichnung der nächst höheren Baugruppe bzw. des Produktes erkennbar, kann die Gruppenzeichnung entfallen. Die Bezeichnung und die Teilnummer der Baugruppe aber bleibt oft trotzdem bestehen, weil sie beispielsweise den gefertigten Zwischenzustand für die Lagerhaltung beschreibt und der Kostenabrechnung des diesbezüglichen Fügevorganges dient.

Beispiel 2.6. Gruppenzeichnungen für linke Lagerung/12; Achse kpl./15

1.4.3.4
Gesamtzeichnung

Die Gesamtzeichnung wird erstellt wie eine Gruppenzeichnung.

In manchen Fällen werden für den Kunden zusätzliche Hauptmaße und/oder Anschlußmaße eingetragen. Diese Eintragung stellt dann eine Ausnahme in der Vermeidung von Doppelbemaßungen dar.

Beispiel 2.7. Gesamtzeichnung für Hebelbock/17

1.4.4
Zeichnungsvorstufen

1.4.4.1
Angabe des Werkstoffes

Neben der Geometrie ist auch der Werkstoff zu definieren. Dieser wird in den Einzelteilzeichnungen im Schriftfeld angegeben (z.B. GG 25, St 37).

Gruppenzeichnungen und die Produktzeichnung enthalten keine Angaben über den Werkstoff. Dieser ist bereits in den diesbezüglichen Einzelteilzeichnungen festgelegt.

1.4.4.2
Angabe des Vormaterials

Für die Herstellung eines Einzelteiles ist oft die Verwendung eines Halbzeuges sinnvoll.

Halbzeuge haben schon eine bestimmte Form und sind für die Weiterverarbeitung vorgesehen. Flachstahl, Rundstahl, Winkelstahl und Stahlrohre sind beispielsweise solche Halbzeuge.

Diese Halbzeuge sind weitgehend genormt und damit geometrisch und werkstofflich definiert.

Deswegen wird ein genormtes Vormaterial im Schriftfeld anstatt des Werkstoffes angegeben. Die dadurch definierten und im Einzelteil unverändert belassenen geometrischen Daten entfallen als weitere Angabe in der Zeichnung, um eine Doppelbemaßung zu vermeiden.

Eine Zeichnung darf grundsätzlich nur Angaben der Maße enthalten, die unter der Verwendung des Vormaterials bei der vorgesehenen Bearbeitung beeinflußt werden.

Beispiel 2.8. Vormaterialangabe für Winkel/1

Das Vormaterial Blech DIN 1016-RSt37-2-2×50 besagt u.a., daß der Winkel aus einem genormten 50 mm breiten Blech mit 2 mm Stärke gefertigt werden soll. Da sowohl die Breite als auch die Stärke unverändert bleiben, fehlen diese Angaben in der Zeichnung.

Beispiel 2.9. Vormaterialangabe für Rohr/2

Das Vormaterial Rohr DIN 2448-St37-33,7×4,5 hat einen Außendurchmesser von 33,7 mm und eine Wandstärke von 4,5 mm. Der Außendurchmesser bleibt unbearbeitet und deswegen entfällt dessen Angabe in der Zeichnung.

1.4.4.3
Rohteilzeichnung

Wird zur Herstellung eines Einzelteiles ein nicht genormtes Halbzeug verwendet, so muß dieses erst definiert werden. Dieser Fall tritt häufig auf bei komplexen zu bearbeitenden Gußteilen.

Die Zeichnung des Hebel/14 zeigt einen bearbeiteten Gußhebel. Der Gießer muß hierzu einen Hebel mit Bearbeitungszugabe herstellen, der später spanend zu bearbeiten ist.

Bei einem komplexen Gußteil ist es sinnvoll, dieses auch im unbearbeiteten Zustand zu definieren. Dieses Teil wird Rohteil genannt und ist das Vormaterial für die anschließende Weiterverarbeitung.

Beispiel 2.10. Rohteil Hebel/R14

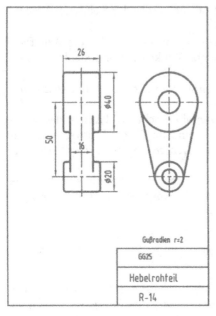 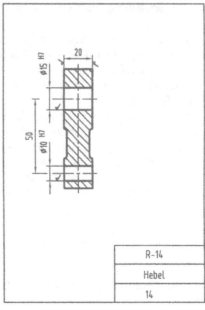

Rohteil Hebel/R14   Hebel/14

In der diesbezüglichen Fertigteilzeichnung fehlen die Maße, die sich ausschließlich auf das Rohteil beziehen und bei der spanenden Bearbeitung unbeeinflußt bleiben.

2
Stückliste

Die Zeichnungen und Normteilangaben in Kap. 1.4.3 beschreiben den Hebelbock vollständig einschließlich aller Einzelteile und Baugruppen. Trotzdem ist es schwer, den Überblick über diesen Zeichnungssatz zu behalten.

Deswegen wird zur Übersicht ein diesbezügliches Verzeichnis erstellt, die Stückliste. In ihr wird aufgelistet, aus welchen Bauteilen in welcher Anzahl das Produkt besteht. Die Stückliste ist also das Ordnungssystem, das Inhaltsverzeichnis des Zeichnungssatzes einschließlich der Angaben für die nicht gezeichneten, genormten Bauteile, allerdings ohne eventuelle Rohteilzeichnungen.

2.1
Mengenübersichts-Stückliste

In der Mengenübersichts-Stückliste werden die zur Herstellung einer Baugruppe oder des Produktes notwendigen Einzelteile unstrukturiert aufgelistet. Die Normteile werden darin definiert.

Beispiel 2.11. Mengenübersichts-Stückliste für rechte Lagerung/13

Zeile	Anzahl	Teilbezchng.	Teilnr.	Normbezeichnung
1	1	Winkel	1	
2	1	Rohr	2	
3	2	Bundbuchse	4	Buchse DIN 1850-U20×26×15-CuSn8

Die Stückliste sagt aus, daß die rechte Lagerung/13 aus dem Winkel/1, dem Rohr/2 und zweier Bundbuchsen/4 herstellbar ist. Für die Bundbuchse/4 existiert keine Zeichnung, sie ist durch die angegebene Norm definiert.

Beispiel 2.12. Mengenübersichts-Stückliste für Hebelbock/17

Zeile	Anzahl	Teilbezchng.	Teilnr.	Normbezeichnung
1	1	Platte	10	
2	2	Winkel	1	
3	2	Rohr	2	
4	1	Buchse	3	Buchse DIN 1850-G20×26×30Y-CuSn8
5	2	Bundbuchse	4	Buchse DIN 1850-U20×26×15-CuSn8
6	4	Schraube	5	Sechsk.-Schraube DIN 933-M8×16×8.8
7	4	Mutter	6	Sechsk.-Mutter DIN 970-M8-8
8	1	Achse	7	
9	1	Hebel	14	
10	1	Scheibe	8	Stützscheibe DIN 988-S20×2,8
11	1	Sich.-Ring	9	Sich.-Ring DIN 471-20×1,2

Mit der Stückliste ist die Herstellung disponierbar. Der Einkauf muß die aufgelisteten Bauteile entweder auswärts beschaffen oder das laut Zeichnung notwendige Vormaterial für die Eigenfertigung bereitstellen.

Baugruppenzeichnungen in dieser Stückliste mit aufzulisten, kann zu Mißverständnissen führen, denn Baugruppen sind nur Bauteile in einer Fertigungszwischenstufe und müssen nicht zusätzlich disponiert werden.

Die Baugruppenzeichnungen können folglich i.allg. nicht aus der Mengenübersichts-Stückliste abgelesen oder erkannt werden.

2.2
Struktur-Stückliste

Die Struktur-Stückliste umfaßt die Auflistung aller Einzelteile, Baugruppen und des Produktes einschließlich der notwendigen Normteile in strukturierter Form. In ihr ist erkennbar, welche Baugruppe sich aus welchen und wieviel Bauteilen zusammensetzt. Sie ist i.allg. montagegerecht aufgebaut.

Beispiel 2.13. Struktur-Stückliste für rechte Lagerung/13

Zeile	Anzahl	Teilbezchng.	Teilnr.	Normbezeichnung
1	1	rechte Lagerung	13	
2	1	Winkel kpl.	11	
3	1	Winkel	1	
4	1	Rohr	2	
5	2	Bundbuchse	4	Buchse DIN 1850-U20×26×1-CuSn8

Die Struktur-Stückliste ist hierarchisch aufgebaut. Der Beginn der Teilbezeichnung kennzeichnet die Hierarchiestufe. Die Bezeichnung rechte Lagerung/13 beginnt in der 1. Spalte. Dieses Bauteil hat folglich auch die höchste, die erste Hierarchiestufe und besteht aus allen Bauteilen, deren Bezeichnung in der 2. Spalte beginnt, im Beispiel somit dem Winkel kpl./11 und 2 Bundbuchsen/4. Diese Bauteile haben die 2. Hierarchiestufe. Weil der Winkel kpl./11 wiederum aus dem Winkel/1 und dem Rohr/2 zusammengesetzt wird, beginnen deren Teilbezeichnungen in der 3. Spalte. Sie sind Bauteile der 3. Hierarchiestufe.

Jede Baugruppe besteht also aus allen den Bauteilen der nächsten Hierarchiestufe, die unter dieser aufgelistet sind bis zu dem Bauteil, das die gleiche oder eine höhere Hierarchiestufe hat wie diese Baugruppe.

Der Winkel kpl./11 z.B. besteht aus dem Winkel/1 und dem Rohr/2 (direkt darunter aufgelistete Bauteile der nächsten Hierarchiestufe). Die Bundbuchse/4 ist in dergleichen Hierarchiestufe wie der Winkel kpl./11 und somit nicht mehr dessen Bestandteil.

Die Reihenfolge hierarchiegleicher Bauteile beginnt man in der Regel mit dem größten Bauteil und fügt dann die anderen Bauteile in Montagefolge an.

Ist eine Struktur-Stückliste für ein komplexes Produkt zu erstellen, empfiehlt sich zuerst die Erstellung eines Strukturplanes, in dem die Bauteile hierarchisch aufgrund der Gesamtzeichnung und den Gruppenzeichnungen aufgelistet werden.

Unter Zuhilfenahme des Strukturplanes ist dann einfach die dazugehörige Struktur-Stückliste zu erstellen.

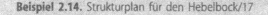

Beispiel 2.14. Strukturplan für den Hebelbock/17

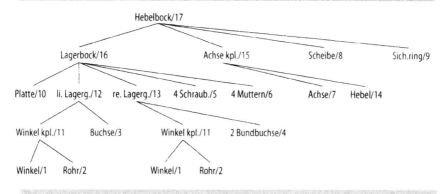

Laut Gesamtzeichnung besteht der Hebelbock/17 aus den Bauteilen mit den Teilnummern 16, 15, 8 und 9. In der Gruppenzeichnung der Achse kpl./15 sind wiederum deren Bestandteile, die Bauteile 7 und 14 angegeben. Auf diese Weise läßt sich der Strukturplan bis zu den jeweiligen Einzelteilen erstellen.

Beispiel 2.15. Struktur-Stückliste für den Hebelbock/17

Zeile	Anzahl	Teilbezchng.	Teilnr.	Normbezeichnung
1	1	Hebelbock	17	
2	1	↑ Lagerbock	16	
3	1	↑ Platte	10	
4	1	linke Lagerung	12	
5	1	↑ Winkel kpl.	11	
6	1	↑ Winkel	1	
7	1	└ Rohr	2	
8	1	└ Buchse	3	Buchse DIN 1850-G20×26×30Y-CuSn8
9	1	rechte Lagerung	13	
10	1	↑ Winkel kpl.	11	
11	1	↑ Winkel	1	
12	1	└Rohr	2	
13	2	└ Bundbuchse	4	Buchse DIN 1850-U20×26×15-CuSn8
14	4	Schrauben	5	Sechsk.-Schraube DIN 933-M8×16×8.8
15	4	└ Muttern	6	Sechsk.mutter DIN 970-M8-8
16	1	Achse kpl.	15	
17	1	↑ Achse	7	
18	1	└ Hebel	14	
19	1	Scheibe	8	Stützsch.DIN 988-S20×2,8
20	1	└Sicherungsring	9	Sich.ring DIN 471-20×1,2

Besteht eine Konstruktionseinheit zur Entwicklung eines Produktes organisatorisch aus mehreren Gruppen oder gar Abteilungen, so kann es sinnvoll sein, jede Gruppe oder Abteilung eigene Stücklisten erstellen zu lassen, die anschließend zur Gesamtstückliste zusammengesetzt werden. Die Stücklistenstruktur richtet sich dann nicht nur nach Montage-, sondern auch nach organisatorischen Gesichtspunkten.

2.3
Baukasten-Stückliste

Werden Produkte vor allem in kleineren Stückzahlen hergestellt, die einem ähnlichen Zweck dienen, so ist es erstrebenswert, Baugruppen zu entwickeln, die in mehreren Produkten Verwendung finden. Im Idealfall sind dann nur noch solche Baugruppen zur Herstellung der verschiedensten Produkte zusammenzusetzen.

Auf diese Weise wird nicht nur die Stückzahl der zu fertigenden Einzelteile erhöht (Gleichteile), sondern vorgefertigte Baugruppen können nach Auftragseingang kurzfristig zu dem bestellten speziellen Produkt zusammengefügt werden.

Die Stückliste (Baukasten-Stückliste) beinhaltet dann diese Baugruppen ohne deren Aufgliederung, während diese wiederum eine eigene aufgegliederte Stückliste besitzen. Die Stücklisten zusammen bilden dann den Stücklistensatz.

3
Weitere Fertigungsunterlagen

Der Zeichnungssatz und die Stückliste sind die wichtigsten Fertigungsunterlagen.

Während der Entwicklung eines Produktes wird dieses laufend verbessert. Dieser Vorgang hat Zeichnungsänderungen zur Folge. Eine Produktionsfreigabe kann dann erfolgen, wenn das Produkt den notwendigen Reifegrad erreicht hat, wenn keine Änderungen mehr zu erwarten sind.

Die Fertigung wiederum kann erst nach der Freigabe Werkzeuge planen und herstellen.

Zur Verkürzung des Zeitraumes für die Auftragserledigung ist es oft sinnvoll, Bauteile zur Werkzeugplanung freizugeben (Planungsfreigabe), wenn sie prinzipiell so bestehen bleiben werden. Wenn das Änderungsrisiko nur noch sehr klein ist, sollte die Freigabe zur Herstellung der Werkzeuge erteilt werden (Werkzeugfreigabe). Erst mit der Produktionsfreigabe dürfen dann Halbzeuge, Rohteile zur Herstellung der Bauteile beschafft werden.

Mit dieser gestuften Freigabe (Planungs-, Werkzeug-, Produktionsfreigabe) läßt sich die Durchlaufzeit verkürzen. Sie stellt eine Auffächerung der Fertigungsunterlagen dar.

Desweiteren lassen sich Zeichnungsänderungen auch nach der Produktionsfreigabe nicht immer vermeiden. Bei allen betroffenen Stellen muß dann ein Zeichnungsaustausch erfolgen mit den Verfügungen, was mit den bisherigen, bereits verbauten, gefertigten und teilgefertigten Bauteilen geschehen soll. Austausch, Verschrottung oder Nacharbeit der Bauteile kann angeordnet werden. Auch diese Zeichnungsänderungen zählen zu den Fertigungsunterlagen.

4
Systeme von Fertigungsunterlagen

Der Entwicklungsaufwand kann für nur einmal zu bauende Produkte die Fertigungskosten überschreiten, während dieser in der Massenproduktion nur wenige Prozent der gesamten Kosten beträgt.

Infolgedessen muß auch der Aufwand zur Erstellung der Fertigungsunterlagen in Relation zu den Gesamtkosten gesehen werden, was diesbezüglich unterschiedliche Systeme zur Anwendung kommen läßt.

4.1
System I

Der geringste Aufwand zur Erstellung der Fertigungsunterlagen entsteht dann, wenn in der Gesamtzeichnung – zumindest in der Gruppenzeichnung – alle Einzelteile bereits vollständig definiert (Maße, Werkstoffangabe) werden, also keine separaten Einzelteilzeichnungen erstellt werden.

Beispiel 2.16. Zeichnung für rechte Lagerung/13 im System I

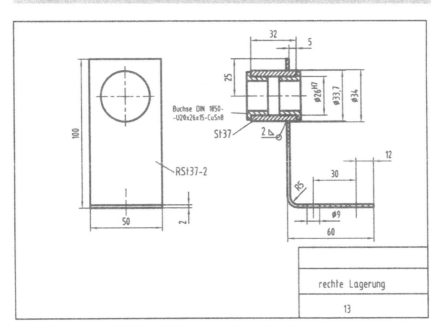

Dieses System ist nur bei sehr einfachen Produkten anwendbar. Die Zeichnung wird sehr schnell überladen. In der Fertigung muß der Werker zur Herstellung eines jeden Einzelteiles die zugehörigen Maße mühsam heraussuchen.

4.2
System II

Die Erstellung von Gruppenzeichnungen kann weitgehend umgangen werden, wenn möglichst alle notwendigen Fügeinformationen in die Gesamtzeichnung eingetragen werden. Der Zeichnungssatz besteht dann oft nur noch aus den Einzelteilzeichnungen und der Gesamtzeichnung. Die Stückliste kann als einfache Mengenübersichts-Stückliste erstellt werden. Die vom Konstrukteur beabsichtigte Gliederung des Montageprozesses allerdings geht aus diesem System nicht hervor.

Beispiel 2.17. Gesamtzeichnung für Hebelbock/17 im System II

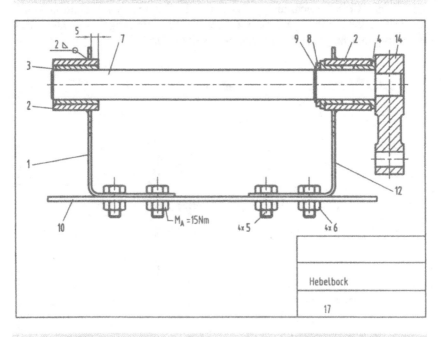

4.3
System III

Die beste Aufbereitung der Fertigungsunterlagen liegt dann vor, wenn neben den Einzelteilzeichnungen und der Gesamtzeichnung für jede geplante Montagestelle eine Gruppenzeichnung vorliegt. Eine separate Struktur-Stückliste gestattet es, die Bauteile EDV-gestützt zu disponieren, bereitzustellen, zu fertigen und zu montieren.

Ersatzweise können in den Gruppenzeichnungen die diesbezüglichen Bauteile der nächst niedrigeren Hierarchie als Stückliste – von unten nach oben – eingetragen werden. Die Verarbeitbarkeit der separaten Strukturstückliste ist aber wirtschaftlicher.

Beispiel 2.18. Gruppenzeichnung mit integrierter Stückliste von rechter Lagerung/13 im System III

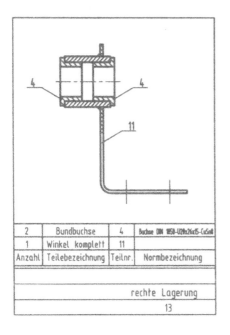

2	Bundbuchse	4	Buchse DIN 1850-U20x26x15-CuSn8
1	Winkel komplett	11	
Anzahl	Teilebezeichnung	Teilnr.	Normbezeichnung

	rechte Lagerung
	13

4.4
Anwendung der Systeme von Fertigungsunterlagen

Vielfalt der Produktionsstückzahl	Teilevielfalt		
	klein	mittel	groß
klein	Einzelmuster	Vorrichtungen im Werkzeugbau	Werkzeugmaschinen
mittel	Autozubehör	stationäre Getriebe	Baumaschinen
groß	Türschlösser Gelenke	Haushaltsgeräte	Automobile

Bild 2.5. Anwendung der Systeme von Fertigungsunterlagen

Wie Bild 2.5 zeigt, steigt der Aufwand zur Erstellung der Fertigungsunterlagen mit der Produktionsstückzahl und der Teilevielfalt des Produktes, was gleichzeitig ein rationelles Arbeiten im Einkauf, in der Fertigung, der Montage und der Kontrolle fördert.

Außerdem erhalten die Zeichnungen mit steigender Produktionsstückzahl einen höheren Reifegrad. Es lohnt sich, die Bauteile technisch und wirtschaftlich weitgehend zu optimieren. Die Zuverlässigkeit der Bauteilsicherheit kann durch Eintragung und Einhaltung von Qualitätsvorschriften gesteigert werden.

Konstruktive Grundlagen

Konstruieren ist ein Vorgang der Synthese (Vorgang des Neuschaffens, des Zusammensetzens) und der Analyse (Vorgang des Zerlegens, des Abstrahierens, des Weglassens), wobei der Schwerpunkt bei der Synthese liegt.

Die reine Analyse ist meist wesentlich einfacher zu vollziehen. Dabei wird von einem Produkt ausgegangen und dessen Eigenschaften erkundet. Das Produkt wird gedanklich zerlegt, das für einen bestimmten Zweck Wesentliche wird herausgearbeitet.

Das Konstruieren andererseits geht von Forderungen und Ideen aus und hat das ausgestaltete Produkt zum Ziel, ein sehr komplexer Vorgang. Viele Gesichtspunkte sind dabei zu berücksichtigen.

Die Funktion, die Herstell- und Beanspruchbarkeit sind meist die wichtigsten Kriterien für die Gestaltung. Dabei ist es nicht nur bedeutsam, daß diese Kriterien irgendwie erfüllt werden, sondern sie müssen auch hinsichtlich weiterer Forderungen optimiert werden – z.B. auf minimale Herstellkosten, minimalen Bauraum, minimales Gewicht, Umweltverträglichkeit und den gebotenen Fertigstellungstermin. Hierbei ergeben sich Zielkonflikte, die das Schließen von Kompromissen erzwingen. Konstruieren bedeutet folglich, auch dauernd Entscheidungen fällen zu müssen.

Im folgenden werden deswegen zuerst Grundkenntnisse über das fertigungs-, montage-, funktions- und beanspruchungsgerechte Konstruieren vermittelt.

Fertigungsgerechtes Konstruieren

1
Allgemeines

Der Konstrukteur beeinflußt mit der Gestaltung der Teile und dem gewählten Werkstoff ganz wesentlich das Bearbeitungsverfahren und somit auch die Wirtschaftlichkeit der Herstellung.

Man unterscheidet grundsätzlich nach DIN 8580 folgende Fertigungsverfahren:

1. *Urformen*
   Es ist das Fertigen eines festen Körpers aus formlosem Stoff durch Schaffen des Zusammenhaltes (z.B. gießen, sintern)
2. *Umformen*
   Es ist das Fertigen durch bildsames (plastisches) Ändern der Form eines festen Körpers, wobei sowohl die Masse als auch der Zusammenhalt beibehalten werden (z.B. schmieden, ziehen, biegen)
3. *Trennen*
   Es ist das Fertigen durch Ändern der Form eines festen Körpers, wobei der Zusammenhalt örtlich aufgehoben, d.h. im ganzen vermindert wird. Dabei ist die Endform in der Ausgangsform enthalten (z.B. drehen, bohren, fräsen, schleifen, scherschneiden)
4. *Fügen*
   Es ist das Zusammenbringen von zwei oder mehr Werkstücken mit geometrisch bestimmter fester Form oder Werkstücken allgemein mit formlosem Stoff, wobei der Zusammenhalt örtlich geschaffen und im ganzen vermehrt wird (z.B. kleben, löten, schweißen)
5. *Beschichten*
   z.B. lackieren
6. *Stoffeigenschaftsändern*
   z.B. härten

Die Wirtschaftlichkeit eines Bearbeitungsverfahrens ist aber immer abhängig von der zu fertigenden Stückzahl, den Fertigungsmöglichkeiten des jeweiligen Betriebes und der Auslastung seiner Fertigungseinrichtungen. Auf letztere sollte der Konstrukteur aber nur in zweiter Linie Rücksicht nehmen, weil die Arbeitsproduktivität der Fertigung darunter leiden könnte. Zumindest mittelfristig müssen die Fertigungsmöglichkeiten an die Notwendigkeiten angepaßt werden.

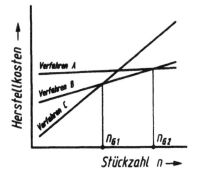

Bild 3.1. Herstellkosten über der Stückzahl bei verschiedenen Fertigungsverfahren

Die Fertigungskosten setzen sich zusammen aus den Investitionskosten (z.B. Kosten für spezielle Vorrichtungen) und den Stückkosten (Kosten, die pro gefertigtem Werkstück anfallen). Mit größerem Aufwand für Vorrichtungen lassen sich oft die Stückkosten verringern. Für unterschiedliche Fertigungsverfahren gilt entsprechendes.

Das Verfahren C in Bild 3.1 ist bis zur Grenzstückzahl n_{G1} kostengünstiger als die Verfahren A und B. Bei größerer Stückzahl bis zur Grenzstückzahl n_{G2} ist das Verfahren B von Vorteil. Bei noch größerer Stückzahl ist das Verfahren A vorzuziehen.

Die Fertigungsstückzahl muß nicht identisch mit der Produktstückzahl sein. Durch Mehrfachverwendung, Standardisierung von Bauteilen (z.B. Baukastensystem) läßt sich die Teilestückzahl oft wesentlich steigern und dadurch die Wirtschaftlichkeit erhöhen.

Für kleine Stückzahlen verwendet man also Verfahren, die geringe Investitionskosten verursachen. Einfach beschaffbare Halbzeuge (Profilstäbe, Bleche, Rohre) und Normteile werden mit allgemein gebräuchlichen Werkzeugmaschinen bearbeitet (z.B. spanen, stanzen, biegen) und durch Fügeverfahren (z.B. schweißen) verbunden.

Für große Stückzahlen lohnt es sich, unter Inkaufnahme erheblicher Investitionskosten speziell urgeformte Rohteile zu erstellen (z.B. gießen, sintern) oder Halbzeuge umzuformen (z.B. schmieden, ziehen, stauchen), um vor allem stückkostenaufwendiges Zerspanen (z.B. drehen, bohren, fräsen, schleifen), aber auch Fügen (z.B. schweißen) teilweise oder ganz zu vermeiden.

Das Umformen beansprucht i.allg. erheblich weniger Fertigungszeit als das Zerspanen, denn beim Zerspanen wird das Material schichtweise mit sehr großer Trennfläche abgetragen. Umformverfahren verringern zudem noch den Materialeinsatz.

Müssen für ein Fertigungsverfahren größere Investitionen getätigt werden, so ist das nicht nur kostenintensiv, sondern die Höhe dieser Kosten sind meist auch ein Maß für den Beschaffungszeitraum und beeinflussen somit wesentlich den Fertigstellungstermin des Produktes.

Deutlich wird die Auswirkung verschiedener Fertigungsverfahren am folgenden Beispiel.

Beispiel 3.1. Fertigungsverfahren zur Herstellung von Sechskantschrauben

Einzelfertigung:

Als Ausgangsmaterial wird ein Sechskantstangenmaterial verwendet. Der Schaft wird durch Abdrehen erzeugt (viel Spanvolumen). Anschließend wird das Gewinde geschnitten. Die Zerspanungsvorgänge können auf jeder einfachen Drehmaschine (Drehbank) vorgenommen werden (Der Werkstoff muß gut spanbar sein).

Massenfertigung:

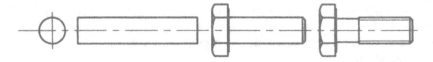

Als Ausgangsmaterial wird Rundstangenmaterial verwendet. Der Sechskant wird angestaucht und anschließend das Gewinde eingewalzt, gerollt (Der Werkstoff muß kaltumformbar sein).

Das Anstauchen und Gewinderollen erfordert erhebliche Investitionen. Die Fertigungszeit aber ist bedeutend niedriger als bei der spanenden Herstellung.

Materialverluste entstehen bei diesem Verfahren nicht. Die Dauerfestigkeit ist merklich höher als die von geschnittenen Gewinden.

Im folgenden werden wichtige Fertigungsverfahren samt Gestaltungsnotwendigkeiten kurz beschrieben.

2
Fertigungsverfahren

2.1
Urformen

2.1.1
Gießen

2.1.1.1
Herstellung – Anwendung

Beim Gießen werden flüssige Metalle in eine Form gegossen. Grauguß (GG)-Teile werden meist in Kästen (Rahmen ohne Boden und Deckel) hergestellt. Die Form wird in Formsand (Quarzsand mit Bindemitteln) mit einem ein- oder zweiteiligen Modell erzeugt (Sandguß). Hohlräume im Werkstück werden durch das Einlegen von Kernen (bestehen ebenfalls aus Sand) hergestellt. Beim Eingießen des Metalles entweicht die eingeschlossene Luft aus dem Steiger.

Das Gießverfahren gestattet eine große Gestaltungsfreiheit und ist geeignet insbesondere zur Erstellung von Gehäusen.

Bild 3.2. Arbeitsablauf beim Sandguß:

1. herzustellendes Gußteil

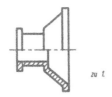

zu 1.

2. zweigeteiltes Holzmodell einschließlich Kernlagerungen (die Schrumpfung beim Erstarren des Metalles muß bei der Modelldimensionierung berücksichtigt werden)

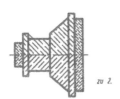

zu 2.

3. Sandkern mit Sandkernform

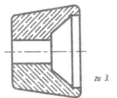

zu 3.

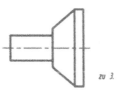

zu 3.

4. Befüllen des Unterkastens mit Formsand (untere Modellhälfte eingelegt)

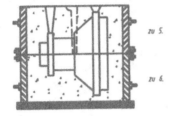

5. Wenden des Unterkastens; Befüllen des Oberkastens mit Formsand (auch obere Holzmodellhälfte eingelegt)
6. Eingußtrichter und Steiger werden eingesetzt

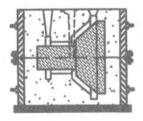

7. Holzmodellhälften werden entnommen durch Trennung der Formkästen; Sandkern wird eingelegt

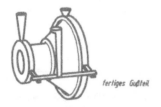

fertiges Gußteil

8. in den Einguß wird das flüssige Metall gegossen bis die Steiger gefüllt sind
9. Entfernen des Formsandes durch Vibration, Entfernen des Angusses und eventueller Nähte in der Trennebene durch Trennschleifen

2.1.1.2
Gußgerechte Gestaltung

Das Bauteil soll eine einfache geometrische Gestalt haben, damit die Gußform leicht herstellbar ist.

Die Kontur des Werkstückes, soweit sie durch das Modell gebildet wird, muß entformbar sein, d.h. seine Querschnittskontur muß ausgehend von der Teilungsebene stetig abnehmen (keine Hinterschneidung; Entformungsschrägen 1° bis 3° je nach Bauhöhe)

Nichtentformbare Werkstücke müssen durch aufwendiges Einlegen von Kernen erzeugt werden, was möglichst zu vermeiden ist.

Kerne sind sicher zu lagern, um ein Verlagern beim Gießvorgang zu verhindern.

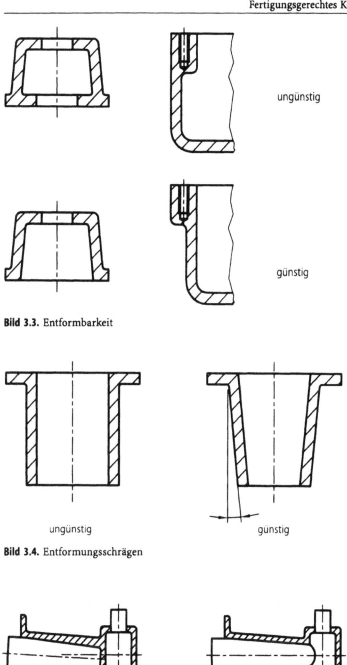

ungünstig

günstig

Bild 3.3. Entformbarkeit

ungünstig

günstig

Bild 3.4. Entformungsschrägen

ungünstig

günstig

Bild 3.5. Kernlagerung

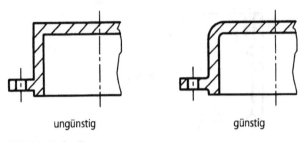

ungünstig   günstig

Bild 3.6. Gußradien

Gußradien sind notwendig, um die Standfestigkeit des Formsandes beim Gießvorgang sicherzustellen und Gußspannungen nach dem Erstarren zu vermindern.

Mindestwandstärken sind einzuhalten, um das ungehinderte Fließen des Materiales beim Gießvorgang zu ermöglichen.

Andererseits führen Materialanhäufungen oft zur Lunkerbildung. Beim Erstarren schrumpft zwangsläufig das Material. Die Erstarrung folgt dem Temperaturverlauf von außen nach innen. Ist die Außenkontur bereits so weit erstarrt, daß sie die nachfolgende Schrumpfung des im Inneren liegenden Materiales nicht mehr auffangen kann, bilden sich im Inneren Hohlräume, sogenannte Lunker. Von diesen können bei Beanspruchung Risse ausgehen, weswegen solche Materialanhäufungen zu vermeiden sind (Heuversche Kreise: $D/d < 1{,}6$).

Ebenfalls sind zur Vermeidung von Gußspannungen schroffe Querschnittsübergänge zu vermeiden. Die Wandstärken sind zum Einguß und Speiser hin eher größer zu gestalten, um beim Erstarren von dort Material nachziehen zu können. Rippen sind wegen der Gußspannungen stets dünner als die Wanddicke auszuführen (Rippenstärke etwa 80% der Wanddicke).

Die Gußtoleranzen können wegen des Erstarrungsvorganges einige mm betragen (beim Erstarren entsteht nicht nur ein Verzug, sondern es bilden

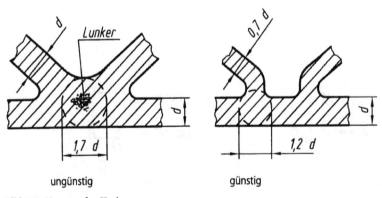

ungünstig   günstig

Bild 3.7. Heuversche Kreise

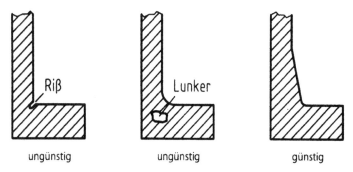

Bild 3.8. Übergänge

sich auch erhebliche Eigenspannungen). Zusätzlich können sich Maßabweichungen beim unterschiedlichen Aufspannen für Zerspanungsarbeiten ergeben. Das muß konstruktiv für den Freigang von Nachbarteilen zu unbearbeiteten Gußflächen berücksichtigt werden.

An beim Gießen waagrecht liegenden Flächen können Gase schlecht entweichen. Die Gußoberfläche beinhaltet dann oft Gasblaseneinschlüsse. Solche Flächen sind demnach möglichst zu vermeiden und geneigt anzuordnen. Damit werden oft auch Eigenspannungen abgebaut.

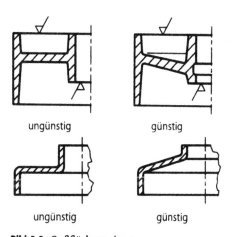

Bild 3.9. Gußflächenneigung

2.2
Umformen

2.2.1
Schmieden

2.2.1.1
Herstellung – Anwendung

Schmiedestücke werden im weichen Zustand (erwärmt über die Rekristallisationstemperatur hinaus) durch Schlagbeanspruchung bzw. durch Pressen in ihre gewünschte Form gebracht. Beim Gesenkschmieden wird der auf Schmiedetemperatur erwärmte Rohling in ein zweigeteiltes Gesenk (Ober- und Untergesenk) geschlagen. Die erzielbare Fertigungsgenauigkeit ist größer als beim Gießen, was sich vorteilhaft auf die Materialausnutzung und die meist nachfolgende Zerspanung auswirkt. Als Werkstoffe eignen sich alle knetbaren Metallegierungen. Bau- und Vergütungstähle sind besonders gut schmiedbar. Schmiedestücke sind meist lunker- und porenfrei, haben ein dichtes Gefüge und können mit einem der geometrischen Form folgenden Faserverlauf beanspruchungsgerecht gestaltet werden. Die guten Festigkeits- und Dehnungseigenschaften wirken sich vor allem bei dynamischer Beanspruchung positiv aus.

Die Gesenkkosten sind sehr hoch und müssen auf die Fertgungsstückzahl umgelegt werden.

Beim Freiformschmieden vermeidet man diese hohen Kosten. Der Werker bringt dabei mit einfachen Gesenkflächen das Werkstück stufenweise in eine beabsichtigte Form. Freiform-Schmiedestücke sind folglich mit möglichst geraden Konturen auszuführen. Dieses Verfahren nimmt aber mehr Fertigungszeit in Anspruch und engt die Gestaltungsmöglichkeiten stark ein. Es wird bei sehr kleinen Stückzahlen und sehr großen Abmessungen angewandt.

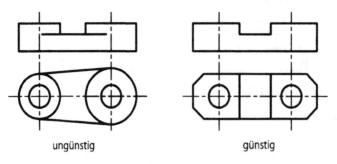

ungünstig   günstig

Bild 3.10. Freiformschmieden

2.2.1.2
Schmiedegerechte Gestaltung

Das Bauteil soll eine einfache geometrische, möglichst rotationssymmetrische Form haben.

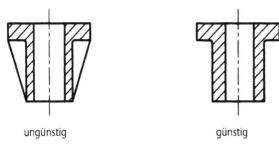

ungünstig   günstig

Bild 3.11. Schmiedeform

Das Bauteil muß entformbar sein (Aushebeschrägen 6° bis 9°).

ungünstig   günstig

Bild 3.12. Aushebeschräge

Schmiederadien sind notwendig zur Verringerung der Kerbwirkung und des Formänderungswiderstandes.

ungünstig   günstig

Bild 3.13. Schmiederadien

Schroffe Querschnittsübergänge müssen vermieden werden.

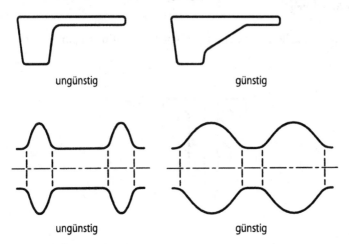

Bild 3.14. Übergänge

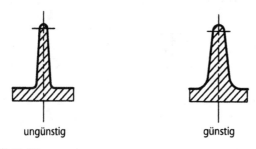

Bild 3.15. Rippen

Die Trennfuge sollte möglichst eben sein und in etwa symmetrisch zum Bauteil verlaufen wegen einer gleichmäßigen Kräfteverteilung beim Schmiedevorgang.

Mit der Wahl der Gesenkteilung kann der Werkzeug- und Fertigungsauf-

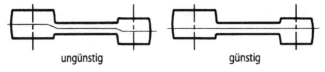

Bild 3.16a. Trennfuge

ungünstig

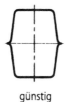
günstig

Bild 3.16b. Trennfuge

wand erheblich beeinflußt werden.

2.2.2

ungünstig

günstig

Bild 3.17. Gesenkteilung

Biegen von Blechen

2.2.2.1
Herstellung – Anwendung

Biegen ist das Umformen eines Bleches um mit Radien versehene gerade Kanten. Die plastische Verformung wird dabei durch eine Biegebeanspruchung herbeigeführt.

Gebogene Teile sind deshalb abwicklungsfähig und haben eine Platine als Ausgangsmaterial. Beinhaltet das Biegeteil Ausstanzungen, so ist es wirtschaftlicher, diese noch im ebenen Zustand, also vor dem Biegen, vorzunehmen.

Bei Blechbiegeteilen ist man einerseits innerhalb eines Teiles an eine konstante Blechdicke gebunden, andererseits baut man damit gegenüber dem Massivbau (Guß-, Schmiedeteile) wesentlich leichter, sofern die Festigkeit und Steifigkeit nicht ausschlaggebend sind.

Die Biegewerkzeuge sind i.allg. nicht sehr kostenintensiv, so daß dieses Verfahren auch für kleine Stückzahlen interessant ist.

2.2.2.2
Biegegerechtes Gestalten

Der kleinste zulässige Biegeradius r_{min} ist abhängig von der Blechdicke, der Zugfestigkeit des Werkstoffes und der Lage der Biegekante zur Walzrichtung. Er beträgt $r_{min} = (0,5 \dots 2) \times s$ (0,5 für Tiefziehblech).

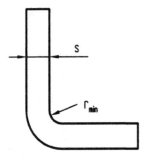

Bild 3.18. Biegeradius

Beim Biegen wird der Werkstoff außen gedehnt und innen gestaucht. Die ungelängte Faser liegt aber nicht in der Materialmitte, sondern etwas in Richtung Innenradius.

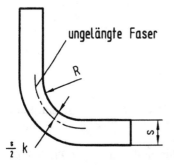

$$R = s \qquad k = 0,6$$
$$R = 2s \qquad k = 0,8$$

Bild 3.19. Lage der ungelängten Faser

Diese Erscheinung muß bei der Berechnung der gestreckten Längen für die Auslegung der Platine berücksichtigt werden.

Bei der Bemaßung der Biegeteile sind die Biegeinnenhalbmesser, Schenkellängen und die Öffnungswinkel anzugeben.

Um die Gefahr des Einreißens beim Biegen zu vermeiden, ist es günstig, die Biegekante senkrecht zu den Außenkanten zu legen.

Die kleinste Schenkellänge b beim maschinellen Biegen sollte $4r$ nicht unterschreiten.

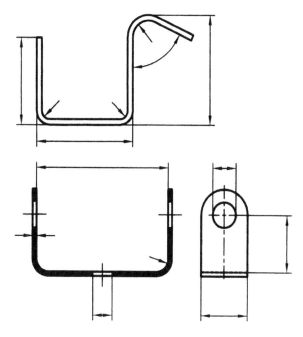

Bild 3.20. Bemaßung von Biegeteilen

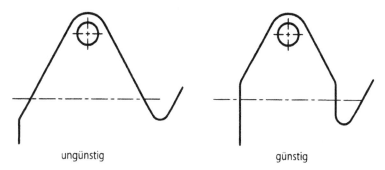

ungünstig   günstig

Bild 3.21. Kantenlage

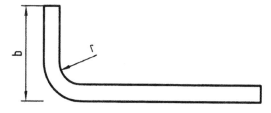

Bild 3.22. Schenkellänge

2.2.3
Tiefziehen

2.2.3.1
Herstellung – Anwendung

Das Tiefziehen dient zur Herstellung von Hohlkörpern aus ebenen Blechen. Ein Ziehstempel zieht das zugeschnittene Blech durch einen Ziehring, wobei das überstehende Blech durch Niederhalter geführt wird, um eine Faltenbildung zu verhindern und den Materialnachfluß zu steuern. Das Material wird am oberen Rand des Hohlgefäßes stark gestaucht und unten stark gedehnt. Durch die starke Verformung entsteht eine Kaltverfestigung und eine Erhöhung des Formänderungswiderstandes.

Ziehwerkzeuge sind sehr teuer. Man erreicht mit diesem Fertigungsverfahren aber ein geringes Gewicht bei vergleichsweise hoher Festigkeit und Steifigkeit. Das Tiefziehen ist für große Stückzahlen geeignet.

2.2.3.2
Tiefziehgerechtes Gestalten

Der Grundriß eines Tiefziehteiles sollte möglichst kreisförmig sein, um die Werkzeugkosten und Materialbeanspruchung niedrig zu halten.

Das Tiefziehteil sollte möglichst eine zylindrische Mantelfläche besitzen. Kegelige Mantelflächen können i.allg. nur mit einer Vielzahl von Ziehstufen hergestellt werden, weil ansonsten das Blech reißt.

Der Radius am Boden sollte etwa 15% des Stempeldurchmessers betragen, um günstige Verformungsbedingungen zu erreichen. Sehr viel größere, aber auch kleinere Radien können zum Reißen des Materials beim Ziehen führen.

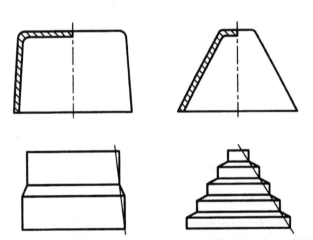

Bild 3.23. kegelige Mantelflächen

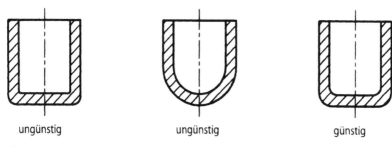

Bild 3.24. Ziehradien

Kleine Augen oder Vertiefungen im Boden sind zulässig, wenn die Höhe h gering und die diesbezüglichen Radien R groß sind.

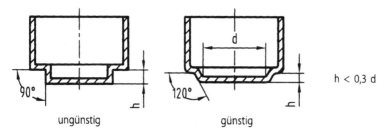

Bild 3.25. Zusatz-Vertiefungen

Als Bemaßung ist die Blechdicke, der Ziehstempeldurchmesser, der Stempelradius, der Ziehringradius und der Hub während des Ziehvorganges anzugeben.

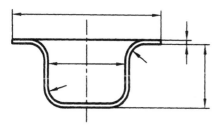

Bild 3.26. Bemaßung von Ziehteilen

2.3
Spanen (Trennen)

Die Spanungsverfahren sind Fertigungsverfahren mit fast unbegrenzten Gestaltungsmöglichkeiten. Mit diesen Verfahren sind zudem hohe Genauigkeiten erzielbar. Weil aber das Material dabei nur spanweise abgetragen wird, somit sehr große Scherflächen entstehen, ist das Spanen oft recht zeitaufwendig und wird aus wirtschaftlichen Gründen besonders bei hohen Stückzahlen möglichst vermieden. Trotzdem gibt es vielfach dazu keine technischen Alternativen.

2.3.1
Bohren

Für die Herstellung von Bohrungen aus dem Vollen verwendet man meist Spiralbohrer. Sie haben neben günstigen Schneidwinkeln, einem gleichbleibenden Durchmesser beim Nachschleifen vor allem eine gute Führung im Werkstück und eine selbsttätige Spanabfuhr aus der Bohrung durch ihre schraubenförmigen Spannuten.

Der Spitzenwinkel beträgt für Stahl und GG 118°.

Bild 3.27. Spiralbohrer

Der Bohrer muß immer auf seinem gesamten Umfang Material abtragen können, ansonsten wird er einseitig belastet, und es besteht die Gefahr des Verlaufens.

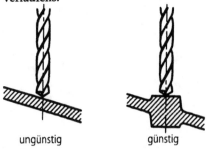

ungünstig   günstig

Bild 3.28. Bohrungsgestaltung

Beim Bohren mit Spiralbohrern läßt sich i.allg. eine ISO-Qualität 11 erreichen.

2.3.2
Drehen

Das Drehen ist ebenfalls ein Spanen mit kreisförmiger Schnittbewegung. Man unterscheidet das Plandrehen, bei dem der Vorschub quer zur Drehachse erfolgt, und das Längsdrehen mit dem Vorschub längs zur Drehachse.

Schruppstähle werden für die Grobbearbeitung gebraucht. Sie sind kräftig und steif, weil man mit ihnen dicke Späne abhebt.

Schlichtstähle dienen zum ausschließlichen maßhaltigen und sauberen Fertigdrehen eines Werkstückes. Das vom Schruppen verbliebene Aufmaß von ca. 0,5 mm wird in einem Arbeitsgang abgedreht. Es werden dabei ISO-Qualitäten 6 und 7 erreicht.

Mit einem zusätzlichen Feinstdrehen werden ISO-Qualitäten von 5 erzielt.

Bei Durchgangsbohrungen – Bohrungen ohne Absätze – ist das Schruppen und das sofort anschließende Schlichten mit einer Bohrstange ohne zeitaufwendigen Bohrstahlwechsel möglich.

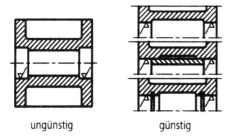

ungünstig   günstig

Bild 3.29. Durchgangsbohrung anstreben

Das Schlichten kann erst beginnen, wenn der Schruppvorgang beendet ist, weil ansonsten die Vibrationen und hohen Schnittkräfte beim Grobbearbeiten die Maßhaltigkeit beim Schlichten beeinträchtigen würden.

Sollen in einem Gußteil zwei koaxiale Bohrungen mit einer Bohrstange in einem Arbeitsgang gebohrt werden, so müssen sich die Durchmesser mindestens um die Bearbeitungszugabe unterscheiden, damit die Drehstähle für die zweite Bohrung ungehindert durch die noch unbearbeitete erste Bohrung gelangen können. Hinsichtlich der Minimierung der Fertigungszeit ist es dabei sinnvoll, jeweils die beiden Schrupp- und Schlichtvorgänge gleichzeitig ablaufen zu lassen.

Bei Bohrungen sollte vor dem Feinbearbeiten möglichst viel Zerspanungsvolumen mit dem Spiralbohrer abgetragen worden sein.

Bei der Bearbeitung von Wellen ist es vorteilhaft, Wellenabsätze, die keine besondere Funktion erfüllen, als dem Drehstahl entsprechende Kegelflächen auszuführen, um einen Werkzeugstahlwechsel zu vermeiden.

Wird bei der Bearbeitung von Stangenmaterial ausgegangen, so ist darauf zu achten, daß trotz notwendiger Wellenabsätze das Zerspanungsvolu-

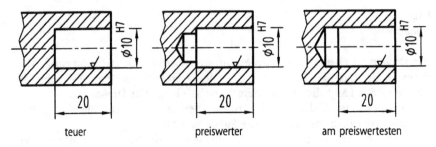

teuer   preiswerter   am preiswertesten

Bild 3.30. Feinbearbeitung von Bohrungen

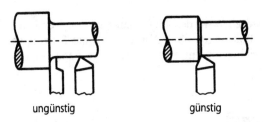

ungünstig   günstig

Bild 3.31. Wellenabsatz

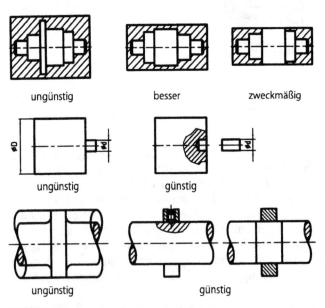

ungünstig   besser   zweckmäßig

ungünstig   günstig

ungünstig   günstig

Bild 3.32. Zerspanungsvolumen

men gering bleibt. Die Funktion der Wellenabsätze kann oft beispielsweise durch aufgepreßte Naben, Stellringe oder Wellensicherungsringe übernommen werden.

Der Werkzeugauslauf sollte immer gewährleistet sein.

ungünstig   ungünstig   günstig

Bild 3.33. Werkzeugauslauf beim Drehen

2.3.3
Fräsen

Beim Fräsen sind im Gegensatz zum Drehen immer mehrere Schneiden im Eingriff, die noch dazu zeitweise wieder außer Eingriff sind und sich somit abkühlen können. Damit erreicht man eine höhere Zerspanungsleistung. Allerdings entstehen durch den unterbrochenen Schnitt Schlagbeanspruchungen und Temperaturschwankungen, die sich auf die Standzeit des Werkzeuges nachteilig auswirken.

Fräser schneiden mit ihrer Stirn- und/oder Mantelfläche.

Am wirtschaftlichsten ist das Fräsen mit dem Stirnfräser. Es folgen der Scheiben-, Form- und Fingerfräser. Der Fingerfräser beispielsweise zum Fräsen von Paßfedernuten ist deshalb relativ unwirtschaftlich, weil sein Durchmesser klein ist, die Zähne deshalb wenig Zeit zum Abkühlen haben und relativ schnell verschleißen.

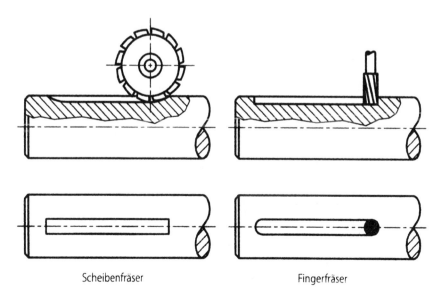

Scheibenfräser   Fingerfräser

Bild 3.34. Nutenfräser

Plansenker als Zapfensenker dienen dazu, Auflageflächen für Schrauben und Muttern zu erzeugen.
Fräsflächen sollten möglichst in einer Ebene liegen.

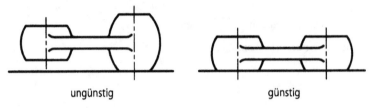

ungünstig   günstig

Bild 3.35. Fräsflächen

Ebenfalls sind die Bearbeitungsrichtungen zu minimieren.
Mit dem Stirnfräsen sind Genauigkeiten von ±0,01 mm erreichbar.

2.3.4
Räumen

Innenräumen ist Spanen, bei dem mit Räumwerkzeugen in einem Arbeitsgang Bohrungen eine profilierte Form erhalten (z.B. Keilnutenprofil, Paßfedernut, Kerbzahnprofil). Die Schnittbewegung ist meist gerade.

Keilnutenprofil   Paßfedernut   Kerbzahnprofil

Bild 3.36. Räumprofile

Räumen erfordert ein teueres Einzweckwerkzeug, das aber bei großen Stückzahlen sehr wirtschaftlich ist. Bei kleinen Stückzahlen konkurriert das Hobeln oder Stoßen.
Mit dem Räumen kann die ISO-Qualität 7 erreicht werden.

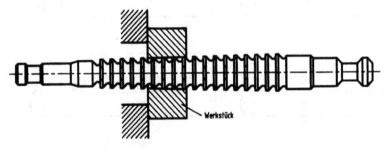

Werkstück

Bild 3.37a. Räumwerkzeug zum Räumen einer Innenform (z.B.: Keilwellenprofil)

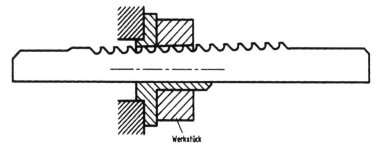

Bild 3.37b. Räumwerkzeug zum Räumen einer Nut (z.B.: Paßfedernut)

2.3.5
Schleifen

Schleifen dient meist zur Feinbearbeitung von Werkstückflächen auch im gehärteten Zustand. Man unterscheidet Plan-, Rund- und Profilschleifen.

Schleifen ist beispielsweise notwendig, um den Härteverzug von vor dem Härten bearbeiteten Wellen zu beseitigen und die notwendige Genauigkeit und Rauheit für Lager- und Nabensitze sicherzustellen.

Genauigkeiten von $\pm 0{,}001$ bis $\pm 0{,}01$ sind erreichbar.

Auch beim Schleifen ist auf den Werkzeugauslauf zu achten.

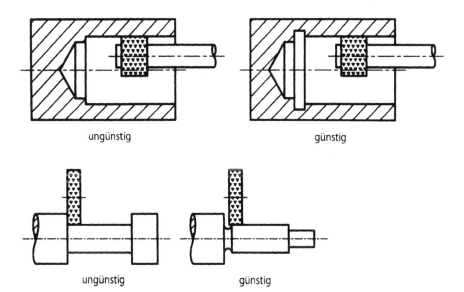

ungünstig   günstig

ungünstig   günstig

Bild 3.38. Werkzeugauslauf beim Schleifen

2.4
Scherschneiden (Trennen)

Mit Blechteilen lassen sich ohne teuere Vorrichtungen relativ komplexe technische Gebilde herstellen.

Komplizierte Halter sind aus einfach abgeschnittenen, eventuell gelochten, gebogenen und gefügten Blechstücken herstellbar. Das Fügen kann beispielsweise durch Punktschweißen, Vernieten oder Verschrauben geschehen.

Deshalb eignen sich solche Blechkonstruktionen gerade für kleine Stückzahlen. Zudem ist das Bauteilgewicht sehr gering. Blechteile lassen sich von Blechtafeln oder Blechrollen (Coil) abschneiden (abscheren). Gerade Schnitte sind am einfachsten durchzuführen.

Die Schnittkanten können beispielsweise auch gebogen ausgeführt werden, um die Verletzungsgefahr an den Schnittkanten zu verringern. Es ist aber darauf zu achten, daß der Schnitt dabei nicht tangential in die Blechkontur einmündet.

ungünstig   günstig

Bild 3.39. gebogene Schnittkanten

Völlig abgerundete Blechteile lassen sich nur durch Formschnitte erreichen, die allerdings aufwendigere Werkzeuge bedingen.

Sind größere Stückzahlen zu fertigen, können sich Folgeschnitte lohnen. Das Ziel muß dabei sein, daß die gefertigten Teile ohne Abfall hergestellt werden. Zumindest ist dieser so gering wie möglich zu halten.

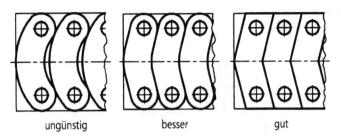

ungünstig   besser   gut

Bild 3.40. Folgeschnitt

Das Lochen der Blechteile kann mit dem Bohren konkurrieren. Mit dem Bohren sind nur runde Löcher, die aber recht genau herstellbar. Das Lochen kann auf etwa ±0,1 mm genau erfolgen.

Es beansprucht wesentlich geringere Fertigungszeit und ist bei gängigen Durchbrüchen auch werkzeugmäßig nicht aufwendig.

Der Durchbruch soll mindestens die Abmaße der Blechstärke aufweisen (je geringer die Lochabmessung desto höher ist die Scherfestigkeit).

Der Durchbruch darf auch aus Verformungsgründen nicht zu nahe am Blechrand oder anderen Durchbrüchen liegen. Er sollte dazu mindestens 1 bis 2 Blechstärken Abstand halten.

Werden später diese Durchbrüche in Blechrichtung belastet (z.B. in Niet- und Schraubenverbindungen), so sind die Abstände noch größer auszuführen.

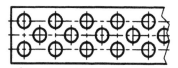 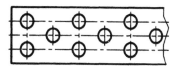

Bild 3.41. Lochabstände

2.5
Schweißen (Fügen)

Das Schweißen ist das Verbinden von meist gleichartigen Werkstoffen in flüssigem oder plastischem Zustand unter Anwendung von Wärme und/oder Druck.

Schweißkonstruktionen sind gegenüber Guß- und Schmiedekonstruktionen i.allg. leichter bei guter Steifigkeit. Die Festigkeit wird durch die inneren Spannungen im Nahtbereich beeinträchtigt.

Zumindest für das gängige Schmelzschweißen sind i.allg. keine aufwendigen Vorrichtungen notwendig, so daß sich dieses Verfahren auch für kleine Stückzahlen eignet, wenn auch oft die Stückkosten höher sind als beispielsweise bei Gußkonstruktionen.

Die Schweißkonstruktionen sollen aus möglichst wenig Einzelteilen aufgebaut sein, um die Anzahl von Schweißstellen möglichst gering zu halten. Profile, aber auch Schmiedeteile unterstützen die Formgebung.

Die Schweißstellen müssen gut zugänglich und prüfbar sein.

Man unterscheidet das Schmelzschweißen, mit dem man Stumpf- und Kehlnähte herstellen kann, und das Preßschweißen, mit dem beispielsweise Bleche verpunktet und Zusatzteile wie Muttern und Bolzen an Blechen befestigt werden können.

2.5.1
Schmelzschweißen

Stumpfnähte sind aus Festigkeitsgründen den Kehlnähten vorzuziehen, weil die Stumpfnaht weniger Kerbwirkung erzeugt und der Lastfluß nicht umgelenkt wird. Das wirkt sich vor allem bei dynamischer Belastung aus. Allerdings ist zumindest bei dickeren Bauteilen eine Nahtvorbereitung notwendig, die zusätzliche Kosten verursacht.

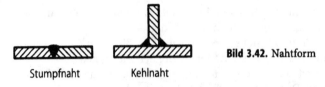

Bild 3.42. Nahtform

Stumpfnaht   Kehlnaht

Waagrecht liegende Nähte in Wannenposition lassen sich am einfachsten ausführen. Auf jeden Fall sollte Überkopfschweißen vermieden werden.

Schweißnähte verursachen beim Abkühlen Eigenspannungen und sind deshalb möglichst nicht in hochbeanspruchte Zonen zu legen.

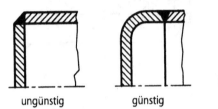

Bild 3.43. beanspruchte Zonen

ungünstig   günstig

Aus demselben Grund sind auch Schweißnahtanhäufungen zu vermeiden.

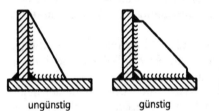

Bild 3.44. Nahtanhäufung

ungünstig   günstig

Die inneren Spannungen bewirken außerdem einen Schweißverzug. Durch geeignete Nahtanordnung und Schweißreihenfolge kann dieser aber meist in den zulässigen Grenzen gehalten werden. Notfalls ist ein anschließendes Richten oder eine spanende Bearbeitung notwendig.

Die beabsichtigte Position zu verschweißender Teile zueinander läßt sich meist durch geeignete Unterlagen und einfache Vorrichtungen kostengünstiger sicherstellen als durch aufwendige, zusätzlich spanend erzeugte Bauteilzentrierungen.

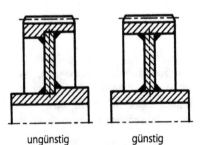

Bild 3.45. Bauteilzentrierung

ungünstig   günstig

Schweißnähte sind möglichst nicht in später zu bearbeitende Flächen zu legen.

Der Öffnungswinkel zweier Bauteile, in den eine Kehlnaht gelegt werden soll, sollte nicht spitz, sondern rechtwinklig oder stumpf sein, um die Zugänglichkeit beim Schweißen zu gewährleisten.

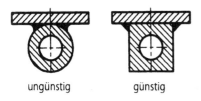

ungünstig   günstig

Bild 3.46. Schweißnaht-Zugänglichkeit

Die Nahtwurzel besonders bei der Kehlnaht erzeugt eine hohe Kerbwirkung. Die Naht darf deshalb nicht so auf Biegung beansprucht werden, daß die Nahtwurzel allein im Zugbereich liegt. Deshalb werden Kehlnähte an Stegblechen meist doppelseitig angebracht.

Dünne lange Schweißnähte sind meist wirtschaftlicher als kurze dicke.

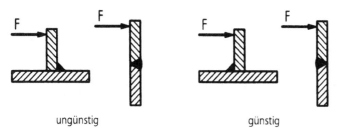

ungünstig   günstig

Bild 3.47. Wurzelbeanspruchung

2.5.2
Preßschweißen

Durch Punktschweißen lassen sich zwei oder mehr Bleche überlappend verbinden. Der Schweißpunktdurchmesser sollte dabei etwa 2- bis 3fache Blechstärke betragen.

Die Stahlbleche sollten weniger als 0,1% C-Gehalt besitzen.

Die Schweißverbindung sollte nicht auf Schälen, sondern auf Abscheren beansprucht werden.

Die Schweißpunkte müssen durch die Schweißelektroden zugänglich sein. Spezialwerkzeuge sind möglichst zu vermeiden.

Das mögliche Anschweißen von Norm- oder normähnlichen Teilen an Blechteile erweitert ganz wesentlich den Anwendungsbereich der Schweißkonstruktion. Schweißmuttern lassen sich durch Buckelschweißen und Bolzen im Bolzenschweißverfahren anfügen.

Montagegerechtes Konstruieren

1
Allgemeines

In den vergangenen Jahrzehnten verliefen die Fortschritte in der Fertigungstechnik hinsichtlich Qualität und Produktivität wesentlich schneller als die in der Montagetechnik.

Das ist sachlich nicht begründet, weil ungefähr die Hälfte der Herstellungszeit auf die Montage entfällt.

Deswegen finden jetzt verstärkte Bemühungen statt, der Montagetechnik die Bedeutung zuzugestehen, die ihr zukommt.

Der Trend geht dabei nicht eindeutig zur automatischen Montage. Diese Montageart ist nach wie vor der Großserie vorbehalten, wenn auch neuerdings programmierbare Roboter eingesetzt werden, die Produkte auch in etlichen Varianten zusammensetzen.

Die Handmontage ist noch wesentlich flexibler, und die Investitionskosten sind gering. Deswegen kann darauf auch in Zukunft nicht verzichtet werden.

Der Konstrukteur hat für die Montagetechnik eine besondere Verantwortung, weil die Gestaltung das Montageverfahren ganz wesentlich beeinflußt.

In der Montage sind i.allg. weniger gut ausgebildete Werker tätig, und deswegen soll die Gestaltung nicht nur so vorgenommen werden, daß das Produkt rationell montierbar ist, sondern daß auch ohne absehbare Fehlmontagen zusammengebaut werden kann.

Natürlich müssen alle Maßnahmen hinsichtlich der Montage im Gesamtzusammenhang gesehen werden. Zielkonflikte bezüglich der Funktion, Fertigung und Beanspruchung sind meist unvermeidbar.

2
Definition

Das Montieren wird laut VDI-Richtlinie in Teiloperationen eingeteilt:

1. *Speichern,*
   d.h. das Werkstück in geordneter oder ungeordneter Form bereitstellen
2. *Handhaben*
   Unter dem „Werkstück handhaben" versteht man, dieses zu erkennen, es zu ergreifen und zum Montageort zu bewegen.

3. *Positionieren*
   Beim Positionieren wird das Werkstück in die richtige Lage zum Fügen gebracht. Es wird zum zu fügenden Teil ausgerichtet.
4. *Fügen*
   Das Fügen stellt das Verbinden des Werkstückes mit einem anderen oder mehrerer anderer dar, z.b. verschrauben, schrumpfen, einschnappen, verschweißen, aber auch nur einlegen.
5. *Einstellen*
   Das Einstellen wird notwendig, wenn die Genauigkeit des Fügens allein nicht ausreicht. Mit dem Einstellen werden Toleranzen ausgeglichen.
6. *Sichern*
   Sofern das Werkstück seine Position nach dem Fügen und eventuellen Einstellen noch unbeabsichtigt ändern kann, so ist es zu sichern, z.B. durch Verschraubung oder mit einem Wellensicherungsring.
7. *Kontrollieren*
   Die durchgeführte Montage muß oft auch nach einzelnen Montageoperationen kontrolliert werden, um Fehlmontagen rechtzeitig zu erkennen.

Die nachfolgenden Montagegesichtspunkte beziehen sich grundsätzlich auf alle Teiloperationen, besonders aber auf das Positionieren und Fügen.

3
Montagegesichtspunkte

3.1
Gliedern der Fügevorgänge

Es ist oft sinnvoll, Bauteile in der Vormontage zu Baugruppen zu fügen, bevor man sie in der Endmontage zum Produkt zusammensetzt (s. Ausarbeitung Kap. 1.4.3 – Hebelbock).

Schwierige Montagevorgänge (z.B. Aufpressen, Schweißen von Teilen) sind in überschaubaren Baugruppen meist einfacher auszuführen. Wälzlager haben oft auf der Welle einen festen und im Gehäuse einen loseren Sitz. Dann ist grundsätzlich eine Vormontage der Lager auf der Welle zu empfehlen.

Die Vormontage ermöglicht auch eine rationelle Montage, wenn viele Produktvarianten zu erstellen sind. Die dabei zusammenzustellenden Baugruppen sollten möglichst variantenunabhängig sein und erst spät, möglichst erst in der Endmontage die Merkmale einer bestimmten Varianten erhalten.

Ein solches Baukastenprinzip ist nicht nur eine Erleichterung in der Montage, es erlaubt auch ohne Kundenbestellung eine Vorfertigung von Baugruppen, die dann nach Auftragseingang schnell zu einer kurzfristig lieferbaren Variante zusammengesetzt werden können.

All diese Überlegungen zur sinnvollen Gliederung der Montage sind schon im Frühstadium einer Konstruktion anzustellen. Mit den Fertigungsunterlagen sind auch im wesentlichen die Montageverfahren und die Montagefolge festgelegt. Eine montagegerechte Strukturstückliste fixiert diesen Zustand sehr weitgehend.

Bearbeitungs-, Meß- und Einstellvorgänge wirken störend im Montageablauf und sollten möglichst vermieden werden. Diese Vorgänge erzeugen zudem individuelle Positionierungen der Teile zueinander und verhindern damit auch oft die Austauschbarkeit von einzelnen Ersatzteilen. Der Trend geht hier eindeutig zur genaueren Fertigung, mit der solche Vorgänge vermieden, zumindest reduziert werden.

3.2
Reduzieren der Fügevorgänge

Die wirtschaftlichsten Fügevorgänge sind diejenigen, die man nicht durchzuführen braucht.

Deswegen ist immer zu prüfen, ob Bauteile, die miteinander befestigt werden sollen und im Betrieb zueinander keine Bewegung ausführen, nicht einstückig in einem Bauteil integriert werden können. Eine solche Integration von Bauteilen verringert nicht nur die Bauteileanzahl, sondern erspart Montage- und oft auch Fertigungskosten.

Kann beispielsweise an einem Gußgehäuse eine Trennfuge vermieden werden, spart man i.allg. nicht nur Schrauben, Muttern und Dichtmaterial, sondern auch das Fräsen zweier zueinander passender Fügeflächen, das Bohren der Schraubenlöcher und das Verschrauben selbst. Außerdem leidet mit jeder Trennfuge die statische Steifigkeit im Vergleich zum Stoffschluß.

Eine Integration verkompliziert aber auch meist das Bauteil, und deshalb kommen hierfür oft nur Fertigungsverfahren in Frage, die große Gestaltungsmöglichkeiten zulassen (z.B. Gießen für größere Stückzahlen; Fräsen für kleiner Stückzahlen).

Natürlich sind andererseits Fügeflächen oft notwendig um andere Bauteile überhaupt erst montieren zu können, aber auch um Fertigungsvorgänge sinnvoll zu vereinfachen (z.B. großes Zahnrad auf Welle). Manchmal sind Fügeflächen empfehlenswert, um notwendiges teueres Material auf den unmittelbaren Ort seiner Funktion zu begrenzen (z.B. Hartmetallaufsatz bei Drehstählen, bei Schneckenrädern Bronzekranz auf Stahlnabe).

3.3
Vereinheitlichen der Fügevorgänge

Ein Vereinheitlichen von Fügevorgängen bewirkt oft eine wirtschaftliche Montage.

Manchmal konkurrieren für die Herstellung eines Produktes verschiedene Fügeverfahren miteinander (z.B. Verschraubung, Vernietung, Preßsitz). Dann sollte nach Möglichkeit auch nur ein Verfahren angewendet werden, um Montagevorrichtungen einzusparen und die Handhabung zu erleichtern.

Auch ist es oft sinnvoll, die Fügeteile selbst zu vereinheitlichen. Das erleichtert die Bereitstellung, verhindert Verwechslungen und spart Ersatzteile. Auch die beim Fügen vorgeschriebenen Einstellwerte werden gleich, was Fehlmontagen reduziert (z.B. Anzugsmomente von Schrauben).

Andererseits müssen sich Gleichteile, sofern ihre Dimension durch die auftretende Belastung bestimmt wird, am höchstbelasteten Teil orientieren, was für die übrigen Teile eine Überdimensionierung ergeben kann. Die Folge sind höheres Gewicht und manchmal auch höhere Herstellkosten. Der Konstrukteur ist also gefordert, auch hier das Optimum herauszuarbeiten.

Das Fügen besonders bei Serienmontagen erfolgt oft in extremer Arbeitsteilung. An jedem Arbeitsplatz werden dann nur sehr begrenzte Tätigkeiten ausgeführt. In diesem Fall ist es notwendig, die Taktzeiten (Arbeitszeit zum Erledigen der am Arbeitsplatz notwendigen Fügearbeiten) der einzelnen Taktstationen aufeinander abzustimmen.

3.4
Vereinfachen der Fügevorgänge

Das Vereinfachen der Fügevorgänge ist nach dem Vermeiden das zweitbeste Mittel für Montageverbesserungen.

Als erstes müssen Montagevorgänge den notwendigen Freiraum besitzen, die Montagezugänglichkeit muß gewährleistet sein.

Die Fügebewegungen sollten recht einfach auszuführen sein. Fügebewegungen, die nur in einer Richtung möglich und notwendig, noch dazu selbstausrichtend sind, können am einfachsten erledigt werden. Geradlinige Fügebewegungen von oben nach unten sind am günstigsten, es folgen die waagrechte Translationsbewegung und gleichwertig alle anderen geradlinigen und auch Schraubbewegungen.

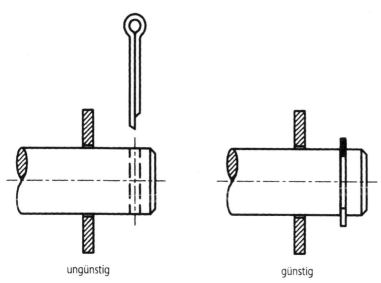

ungünstig   günstig

Bild 4.1. Axialbegrenzung

Das Fügen sollte durch Einführschrägen unterstützt werden, mit dem Ziel der Selbstzentrierung der Teile. Sind Zentrierungen werkerabhängig, besteht die Gefahr von Fehlmontagen.

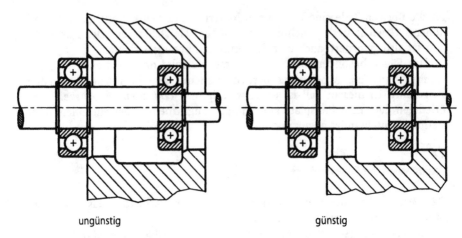

ungünstig   günstig

Bild 4.2. Lagermontage

Müssen bei einem Fügevorgang mehrere Teile gefügt werden, so soll das gleichzeitige Anschnäbeln mehrerer Fügeflächen vermieden werden, um die notwendigen Positionierungen zeitlich zu versetzen.

Bei nicht teilbaren Wälzlagern sind die Ringe mit fester Passung möglichst vorzumontieren, um die Ringe mit loser Passung einfacher in der Endmontage vornehmen zu können.

Bei zerlegbaren Wälzlagern (z.B. Zylinderrollen-, Nadel-, Kegelrollenlager) empfiehlt sich eine getrennte Montage der Innen- und Außenringe, sofern diese besonders bei Nadellagern nicht überhaupt einzusparen sind (Nadelkränze). Zerlegte Rollen- und Nadellager werden in einer Schraubbewegung gefügt.

Die Fügewege sollten aus Fertigungs- und Montagegründen nur so lang wie unbedingt notwendig sein.

Auch Fügeflächen sollten sich aus Kostengründen auf die notwendigen Bereiche beschränken.

Die zu fügenden Teile sind möglichst symmetrisch auszuführen, um die Positionierung zu erleichtern (mehrere Zuführmöglichkeiten). Ist das nicht möglich, so sind die Teile so asymmetrisch auszuführen, daß eine Fehlmontage unmöglich ist, zumindest erschwert wird.

Einstellarbeiten stören, erschweren und verteuern den Montageablauf. Außerdem beinhalten sie das Risiko von Fehleinstellungen. Sofern dieses Problem nicht durch erhöhte Fertigungsgenauigkeit zu lösen ist, sollte versucht

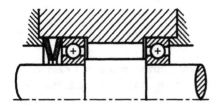

Bild 4.3. Toleranzausgleich durch Federn

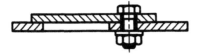
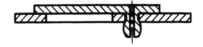

montagemäßig ungünstig   günstig

Bild 4.4. Deckelbefestigung

werden, beispielsweise einen notwendigen Toleranzausgleich durch nachgiebige Teile (Federn) zu bewältigen.

Ein kostengünstiger Montagevorgang findet i. allg. dort statt, wo das Fügen gleichzeitig das Verbinden darstellt, wie z.B. bei Schnapp- und Preßverbindungen.

Schließlich sollte schon beim Konstruieren auch an das Recyceln gedacht werden. Das Produkt wird künftig mehr und mehr am Ende seiner Lebensdauer in wiederverwertbare Bestandteile zerlegt. Dazu muß das Produkt einfach in Teile gleichen, zumindest ähnlichen Werkstoffes zerlegt werden können. Auch diese Zerlegungskosten gehen wie die Herstell- und Betriebskosten in die Gesamtkosten des Produktes ein.

Funktionsgerechtes Konstruieren

1
Allgemeines

Unter der Funktion versteht man die Erfüllung der Anforderungen, die an ein Produkt gestellt werden. Die Funktion hat folglich die an ein Produkt gestellte Aufgabe sicherzustellen.

Ohne die Funktionserfüllung wäre der Sinn und Zweck des Produktes nicht erreicht. Ein Produkt, das seine Funktion nicht oder auch nur ungenügend erfüllt, ist unbrauchbar. Deshalb hat die Erfüllung der Funktion oberste Priorität.

Der Funktion wegen müssen Kompromisse bezüglich einer günstigen Herstellbarkeit geschlossen werden.

Andererseits muß sehr genau geprüft werden, ob alle Forderungen, die bezüglich der Funktion gestellt werden, auch notwendig und sinnvoll sind. Übertriebene und überflüssige Ansprüche an die Funktion sind oft die Ursache für Fehlentwicklungen, die zu unnötig komplexen und teueren Lösungen führen.

Die Funktion allgemein zu beschreiben, ist nicht möglich, denn sie erfolgt bei den verschiedenen Produkten nach den unterschiedlichsten Prinzipien.

Fast immer aber müssen Teile auf einander abgestimmt werden, um eine Funktion erfüllen zu können.Eine sorgfältige Fertigung und Montage ist somit meist die Voraussetzung für die Funktion.

In der Technik sind aber Längen nicht exakt herstellbar, sondern nur in einem gewissen Toleranzbereich annäherbar. Wer einen Stab von einer ganz bestimmten Länge herstellen will, wird erkennen müssen, daß das tatsächlich hergestellte Maß vom beabsichtigten etwas abweicht. Je kleiner die Abweichung sein soll, desto größer wird der Aufwand. Eine gewisse Abweichung aber ist auch mit dem größten Aufwand nicht vermeidbar.

Die Herstellung erzeugt zudem nicht die einzige Abweichung. Längenänderungen infolge von Änderungen der Temperatur, der Verformungen unter Belastung und des Verschleißes im Betrieb sorgen für zusätzliche Längenabweichungen.

Der Konstrukteur hat diese Abweichungen bei jeder Konstruktion zu berücksichtigen.

2
Maße, Toleranzen, Passungen

Um die Maßabweichungen berücksichtigen zu können, muß der Zusammenhang zwischen Maßen abgestimmter Bauteile mit ihren Toleranzen und den sich daraus ergebenden Passungen erkannt werden. Nachstehend werden die Folgen des Zusammenwirkens von Maßen und die Notwendigkeiten für die konstruktive Auslegung aufgezeigt.

2.1
Grundlagen

Ein Maß M setzt sich zusammen aus dem Nennmaß N und dem zulässigen oberen und unteren Abmaß (A_o, A_u).

$$M = N^{+A_o}_{+A_u}$$

Folglich beträgt das Höchstmaß $G_o = N + A_o$
und das Mindestmaß $G_u = N + A_u$

Die Maßtoleranz T ist die Differenz der beiden Grenzmaße $T = G_o - G_u$
Beide Abmaße können beliebige Vorzeichen haben, jedoch gilt immer:

$$A_o > A_u$$

Als Passung bezeichnet man das Zusammenwirken der Abmaße zu fügender Bauteile.

Zueinander passende Maße besitzen gleiche Nennmaße. In Bauteilzeichnungen werden immer die Nennmaße dargestellt.

Ist das Innenmaß größer als das Außenmaß, so bezeichnet man die Differenz als *Spiel*.

Ist vor dem Fügen das Außenmaß größer als das Innenmaß, so wird die Differenz *Übermaß* genannt.

Die Eintragung in die Zeichnung erfolgt entweder explizit (z.B. $\varnothing 10^{+0,3}_{-0,1}$), nach DIN ISO 286 (z.B. $\varnothing 10^{H7}$) oder ohne individuelle Nennmaßergänzung (dann gelten Allgemeintoleranzen z.B. nach DIN 7168 T1).

Im Maschinenbau ist das System Einheitsbohrung üblich, d.h. die Bohrungen werden sämtlich im Toleranzfeld H gefertigt. Dieses System ist i.allg. wirtschaftlicher, weil meist die Bohrungen schwieriger herstellbar und meßbar sind als Wellen und Werkzeuge zur Erzeugung von Bohrungen aufwendiger und weniger maßvariabel sind als die Werkzeuge zum Herstellen von Wellen.

In Bild 5.1 sind unter der Voraussetzung der Anwendung dieses Systems Einheitsbohrung die üblichen Qualitäten über den Toleranzfeldlagen für Wellen aufgetragen. Die zugehörige Qualität der Bohrung ist mit der der Welle gleichzusetzen, mit der Ausnahme, daß die Bohrung – aus obigen Gründen – nicht besser als mit Qualität 7 gefertigt werden sollte.

Natürlich unterliegt auch dieses Bild einem Toleranzbereich.

Die Qualität 6 ist auch unter Serienbedingungen spanend zu erreichen.

Von Spielpassung spricht man, wenn alle Maßkombinationen ein Spiel erzeugen. Der Kurvenverlauf in Bild 5.1 zeigt, daß mit zunehmendem Spiel die

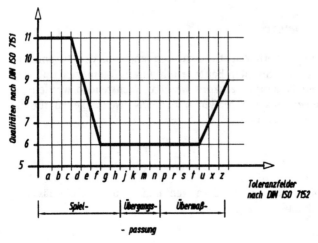

Bild 5.1. Abhängigkeit der notwendigen Fertigungsqualität von der Passungsart einer Welle

vorgeschriebenen Qualitäten gröber werden, weil mit größer werdendem Spiel auch die Genauigkeitsanforderungen abnehmen. Andererseits erfordern Passungen mit kleinem Spiel auch hohe Qualität, um Führungen möglichst spielfrei zu gestalten und Wälzlagerringe einerseits gut abzustützen und andererseits noch verschieben zu können.

Ähnlich ist es bei den Übermaßpassungen, die immer ein Übermaß sicherstellen. Die Qualität 6 bei kleinen Übermaßen ist notwendig, um beispielsweise einerseits eine bestimmte Drehmomentübertragung sicherzustellen und andererseits ein Platzen der Nabe zu vermeiden. Bei großen Übermaßen ist die Qualitätsanforderung geringer, weil dabei die Festigkeitsreserven von Haus aus größer sein müssen.

Die Übergangspassung ist für den Konstrukteur keine Passung, die er funktional beabsichtigt. Bei einer Übergangspassung ist Spiel, aber auch ein Übermaß möglich. Die Funktion erfordert i.allg. das eine oder das andere. Die Übergangspassung wird notgedrungen dann verwendet, wenn eigentlich Spielfreiheit angestrebt wird. Absolute Spielfreiheit aber ist eben schon wegen der Fertigungstoleranzen nicht erreichbar.

Beispiele für Übergangspassungen sind Sitze von Wälzlagerringen mit Umfangslast und Sitze von nicht verschieblichen Naben, die Drehmomente durch Paßfedern übertragen.

Im allgemeinen ist bei Übergangspassungen eine Sicherung gegen unbeabsichtigtes axiales Verschieben notwendig.

2.2
Zusammenwirken vieler Maße

Oft ergibt sich ein Spiel, ein Übermaß, aber auch ein Bauteilüberstand nicht nur aus der Differenz zweier Maße, sondern aus dem Zusammenwirken vieler Maße, aus ihrer Kettenbildung.

Die Summe M zweier Maße M_1 und M_2 liegt zwischen der Summe der beiden Höchstmaße $G_{o1} + G_{o2}$ und der Summe der beiden Mindestmaße $G_{u1} + G_{u2}$.

$$M = M_1 + M_2$$
$$G_o = G_{o1} + G_{o2} = N_1 + A_{o1} + N_2 + A_{o2} = (N_1 + N_2) + (A_{o1} + A_{o2})$$
$$G_u = G_{u1} + G_{u2} = N_1 + A_{u1} + N_2 + A_{u2} = (N_1 + N_2) + (A_{u1} + A_{u2})$$

Das Maß beträgt folglich $M = (N_1 + N_2)^{A_{o1}+A_{o2}}_{A_{u1}+A_{u2}}$

$$T_1 = A_{o1} - A_{u1}; T_2 = A_{o2} - A_{u2};$$
$$T = (+A_{o1} + A_{o2}) - (+A_{u1} + A_{u2}) = (+A_{o1} - A_{u1}) + (+A_{o2} - A_{u2}) = T_1 + T_2$$

Die Differenz M zweier Maße M_1 und M_2 ermittelt sich dagegen etwas komplizierter. Das sich ergebende Höchstmaß G_o ist die Differenz aus dem Höchstmaß G_{o1} und dem Mindestmaß G_{u2}. Das Mindestmaß G_u ergibt sich entsprechend.

$$M = M_1 - M_2$$
$$G_o = G_{o1} - G_{u2} = N_1 + A_{o1} - N_2 - A_{u2} = (N_1 - N_2) + (A_{o1} - A_{u2})$$
$$G_u = G_{u1} - G_{o2} = N_1 + A_{u1} - N_2 - A_{o2} = (N_1 - N_2) + (A_{u1} - A_{o2})$$

Das Maß beträgt folglich $M = (N_1 - N_2)^{A_{o1}-A_{u2}}_{A_{u1}-A_{o2}}$

$$T_1 = A_{o1} - A_{u1}; T_2 = A_{o2} - A_{u2};$$
$$T = (+A_{o1} - A_{u2}) - (+A_{u1} - A_{o2}) = (+A_{o1} - A_{u1}) + (+A_{o2} - A_{u2}) = T_1 + T_2$$

Aus den Ergebnissen für die Summe bzw. die Differenz zweier Maße folgt für die Kettenbildung von Maßen:

1. Die Nennmaße addieren bzw. subtrahieren sich je nach dem Vorzeichen der Maße selbst.
2. Die oberen und unteren Abmaße bei positiven Maßen addieren sich. Bei negativen Maßen tauschen das obere und untere Abmaß mit jeweils umgekehrtem Vorzeichen ihre Plätze, d.h. in der Kettenbildung der Abmaße erscheint oben $-A_u$ und unten $-A_o$.
3. Schließlich ist die Gesamttoleranz T - unabhängig, ob sich die Kettenbildung aus positiven oder negativen Maßen zusammensetzt - immer die Summe aus den Toleranzen der Einzelmaße (Aus diesem Grund darf sich ein funktionell notwendiges Maß aus nur möglichst wenigen Einzelmaßen ergeben).

Bei der Bestimmung eines Gesamtmaßes empfiehlt sich folgendes Vorgehen:

1. Der Anfangspunkt A und der Endpunkt E des zu ermittelnden Gesamtmaßes wird eingetragen. Die Richtung von A nach E ist positiv zu kennzeichnen.
2. Beginnend bei A wird ein Streckenzug so eingezeichnet, daß nur direkt bemaßte Strecken überstrichen werden. Die Strecken sollen dabei in dem

Material des bemaßten Bauteiles gezeichnet werden und sich gegenseitig durch seitlichen Versatz unterscheiden (Mit ausschließlich eindeutig bemaßten Bauteilen ergibt sich immer nur ein Streckenzug).

3. Das Gesamtmaß M von A nach E ergibt sich aus der Summe bzw. Differenz der überstrichenen Einzelmaße, wobei die im Streckenzug von A nach E, die in positver Richtung durchlaufen werden, positiv und die anderen negativ einzusetzen sind.

Beispiel 5.1. Berechnung des Bolzenüberstandes M

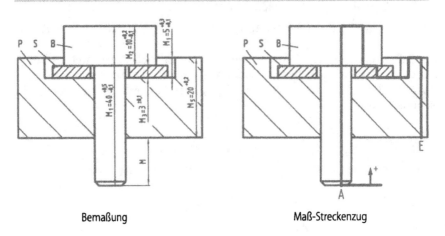

Bemaßung   Maß-Streckenzug

Lösung: $M = M_1 - M_2 - M_3 + M_4 - M_5$

$$M = (N_1 - N_2 - N_3 + N_4 - N_5)^{+A_{o1}-A_{u2}-A_{u3}+A_{o4}-A_{u5}}_{+A_{u1}-A_{o2}-A_{o3}+A_{u4}-A_{o5}}$$

$$M = (30 - 10 - 3 + 5 - 20)^{+0,5+0,1+0,1+0,3+0}_{-0,1-0,2-0,1+0,1-0,2}$$

$$M = 2^{+1,0}_{-0,5}; \quad G_o = 2 + 1,0 = 3,0; \quad G_u = 2 - 0,5 = 1,5;$$

$$T = 1,0 - (-0,5) = 1,5$$

Ergebnis: Der Bolzenüberstand M kann zwischen 3,0 und 1,5 schwanken.

2.3
Form- und Lagetoleranzen

Eine bestimmte Funktion setzt fast immer nicht nur eine Maß-, sondern vor allem eine Form- und Lagegenauigkeit voraus.

Ein Wellenmaß von $\varnothing\ 20_{h7} = \varnothing\ 20_{-0,021}$ bedeutet nicht, daß die Wellenkontur zwischen zwei Zylindern mit den Durchmessern 20 und (20-0,021) liegen muß. Das vorgeschriebene Wellenmaß bedeutet strenggenommen nur, daß die Welle – z.B mit Schieblehre gemessen – an keiner Stelle einen Durchmesserwert außerhalb des vorgeschriebenen Bereiches haben darf.

Eine gebogene Welle wäre beispielsweise ohne weitere vorgeschriebene Einengungen im Bereich des Zulässigen.

Form-, aber auch Lagetoleranzen wären folglich bei Passungen immer vorzuschreiben. Trotzdem beschränkt man sich bei diesbezüglichen Angaben i.allg. auf vergleichsweise seltene Fälle, weil alle Zeichnungsangaben auch an den Bauteilen überprüft werden müssen und somit Aufwand verursachen.

Form- und Lagetoleranzen sind zusätzlich zu den Maßtoleranzen nur dort einzutragen, wo sie für die Funktion und/oder die wirtschaftliche Herstellung unerläßlich sind, wo tatsächlich ohne sie Schwierigkeiten zu erwarten bzw. Schwierigkeiten aufgetreten sind.

Beispiel 5.2. Form- und Lagetoleranz

Wird der Lagerbock/16 (s. Ausarbeitung 1.4.3) ohne weitere Toleranzangabe und Vorrichtung montiert, besteht die Gefahr, daß die Achsen der linken und rechten Lagerung nicht fluchten und somit die Achse kpl./15 nicht montierbar ist, weil die Schrauben erhebliches Spiel in den Winkeln und der Platte haben.

Hier ist es sinnvoll, eine Lagetoleranz anzugeben.

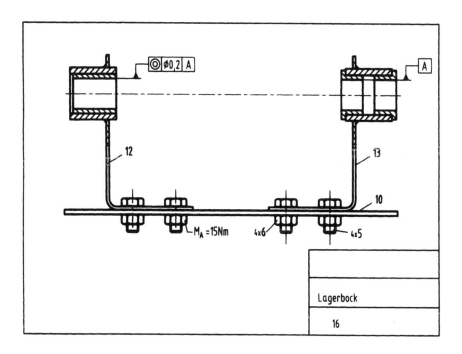

Die Toleranzangabe besagt, daß die Bohrungsachse der linken Lagerung bezogen auf die Achse der rechten Lagerung innerhalb eines koaxialen Zylinders vom Durchmesser 0,2 mm liegen soll.

Konkret bedeutet das, daß vor dem Anziehen der Schrauben die beiden Lagerungen auf einen gemeinsamen Dorn aufgefädelt werden müssen.

2.4
Ursachen der Toleranzen

Ist z.B. ein Maß spanend herzustellen, so stellt der Einsteller den Werkzeugstahl so ein, daß er an der Grenze des maximal zulässigen Materialabtrages arbeitet, d.h. das Maß ist bei Innenmaßen anfänglich maximal und bei Außenmaßen minimal.

Im Rahmen der Maschinenungenauigkeiten ergibt sich auch hier eine bestimmte, aber begrenzte Häufigkeitsverteilung. Diese Ungenauigkeiten entstehen, weil die Werkzeugmaschinen eben auch nicht absolut genau hergestellt werden können, sich verformen und verschleißen. Ebenso verformt sich das Werkstück selbst unter der Einwirkung der Bearbeitungskräfte und der bei der Bearbeitung entstehenden Temperaturdifferenzen.

Wegen des auftretenden Werkzeugverschleißes verringert sich der Materialabtrag im Laufe der Fertigungszeit und, wenn der erzeugte Materialabtrag die untere zulässige Grenze erreicht hat, ist spätestens die Werkzeugstandzeit

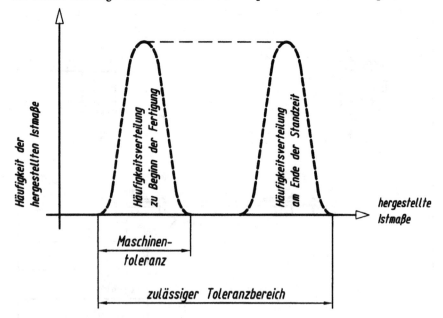

Bild 5.2. Zusammenhang der Toleranzbereiche

erreicht. Die Maschine muß nachgestellt, neu eingestellt oder mit neuem Werkzeug bestückt werden.

Deshalb beeinflußt die vorgeschriebene Toleranz nicht nur die notwendige Maschinengenauigkeit, sondern auch die Standzeit des Werkzeuges. Beides bestimmt in hohem Maß die Wirtschaftlichkeit der Fertigung.

2.5
Statistische Betrachtung der Toleranzen

Die Ermittlung der tolerierten Gesamtmaße wurde in obiger Berechnung vorgenommen unter der Voraussetzung, daß sich die Toleranzbreiten aller tolerierten Einzelmaße auch wirklich ergeben und die ungünstigsten Maßkombinationen auch auftreten.

Je mehr Einzelmaße aber am Zustandekommen eines Gesamtmaßes beteiligt sind, desto unwahrscheinlicher werden dessen Extremwerte (Größtmaß, Kleinstmaß) erreicht. Deswegen sollte beurteilt werden, welche Folgen für die Funktion bei Überschreiten eines gewissen tolerierten Gesamtmaßes auftreten. Treten hierbei Gefahren für Menschen auf oder wird das Erzeugnis unbrauchbar, so dürfen keine oder nur wenige Zugeständnisse gemacht werden. Treten aber z.B. nur bestimmte Komforteinbußen beim Bedienen des Gerätes auf, so kann es sehr wohl sinnvoll sein, die Toleranzbereiche der Einzelmaße gegenüber den theoretisch ermittelten wegen der zu erwartenden Wahrscheinlichkeit bedingt zu erweitern.

3
Konstruktive gegenseitige Abstimmung von Bauteilen

Der Konstrukteur muß erreichen, die erforderliche Funktion mit einer möglichst groben, zumindest einer wirtschaftlich tragbaren Tolerierung der Bauteile sicherzustellen. Es kann notwendig werden, eine zusätzliche Abstimmung der Bauteile in der Montage vornehmen zu müssen, was allerdings zusätzlichen Aufwand verursacht.

An den nachfolgenden Beschreibungen von konstruktiven Aufgaben werden Möglichkeiten aufgezeigt, wie der Konstrukteur trotz allseits unvermeidlicher Toleranzen die notwendige Funktion so wirtschaftlich wie möglich sicherstellen kann.

3.1
Gegenseitiges Abstützen von Bauteilen

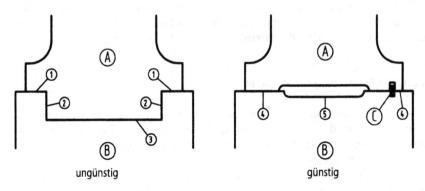

Bild 5.3. Gegenseitiges Abstützen der Bauteile *A* und *B*

Aufgabe: Das Bauteil *A* soll sich senkrecht mit breiter Basis auf dem Bauteil *B* abstützen und waagrecht mit möglichst wenig Spiel gelagert sein.

Bei der ungünstigen Lösung stützen sich Bauteil *A* senkrecht sowohl an den beiden Teilflächen 1 als auch an der Fläche 3 ab. Da die Abstände der Ebenen 1 und 3 in den Bauteilen *A* und *B* wegen der Fertigungsungenauigkeiten leicht unterschiedlich sind, werden sich folglich die Teile *A* und *B* entweder nur an den Teilflächen 1 oder nur auf der Fläche 3 abstützen.

Der Nachteil dieser Lösung ist somit, daß die Abstützfläche nicht eindeutig definiert und der Fertigungsaufwand für die nicht tragende Fläche unnötig ist.

Folgerung: Doppelpassungen vermeiden

Die Fläche 3 der ungünstigen Lösung ist verhältnismäßig groß und wegen Fertigungsungenauigkeiten werden sich die Bauteile *A* und *B* nur in gewissen Bereichen aufeinander abstützen. Weil die Abstützbasis groß und die zu bearbeitende Fläche auch aus Kostengründen klein sein soll, wird in der günstigen Lösung diese Fläche 3 aufgeteilt in zwei außenliegende Flächen 4. Der Mittenbereich wird absichtlich ausgespart und nicht bearbeitet.

Folgerung: Funktionsflächen genau definieren und auf das Nötige beschränken

Die beiden Abstützflächen 2 der ungünstigen Lösung haben einen verhältnismäßig großen Abstand zueinander. Folglich ist auch bei gegebener Fertigungsqualität die Abweichung dieser Abstände in den Bauteilen *A* und *B* und somit auch das Spiel groß. In der günstigen Lösung wurde ein Zusatzteil *C* (Paßfeder) als Abstützelement eingebaut. Die Abstützflächen der Paßfeder haben einen geringen Abstand und damit kann auch das Spiel klein gehalten werden (senkrecht hat die Paßfeder in ihrer Nut erhebliches Spiel, um eine Doppelpassung zu vermeiden).

Folgerung: Abstände von Paßflächen klein halten

Das Zusatzteil Paßfeder hat den Nachteil, daß dadurch eine Paßfläche mehr geschaffen wurde. Es muß jetzt nicht nur Bauteil *A* zu Bauteil *B* passen, sondern Bauteil *A* zu Bauteil *C* und dieses zu Bauteil *B*. Die Toleranzprobleme und der Montageaufwand wurden dadurch vergrößert. Beides wird in diesem Fall inkaufgenommen, weil die Bearbeitung der Bauteile *A* und *B* in der Ebene ungehindert – ohne Rücksicht auf senkrechte Abstützflächen – erfolgen kann. Davon profitiert auch die Fertigungsqualität.

Folgerung: einfache Fertigung – noch dazu in einer Aufspannung – erhöht die Fertigungsqualität

3.2
Führung bewegter Bauteile

Gerade im Maschinenbau bewegen sich verschiedene Bauteile zueinander, das aber meist nicht willkürlich, sondern mit der Einschränkung ganz bestimmter Freiheitsgrade.

3.2.1
Dreh- und Axialbewegung

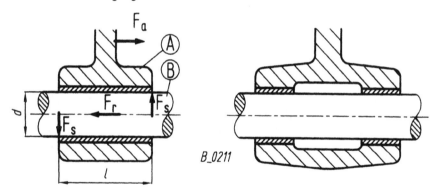

Bild 5.4. Dreh- und Axialbewegung

Soll ein Bauteil *A* auf dem Bauteil *B* drehbar und axial verschiebbar gelagert werden, so bietet sich eine zylindrische Führung an. Zylindrische Flächen sind im übrigen prinzipiell genauer herstellbar als beispielsweise Ebenen oder andere Flächen, weil die Werkzeugmaschinen die Bearbeitung in Rotationsrichtung bevorzugen.

Das für die Führung notwendige radiale Spiel zwischen den Bauteilen A und B hat ein Kippspiel zur Folge, das in Anspruch genommen wird, wenn die axiale Verschiebekraft F_a zur Überwindung der Führungskraft F_r nicht zentral, sondern exzentrisch angreift. Die relative Führungslänge l/d ist deshalb bei gegebener Fertigungsqualität ein Maß für die Führungsqualität.

Mit der Führungslänge nimmt auch die Führungsreibkraft F_r ab, weil die Stützkräfte F_s, die das Verschiebemoment abstützen und die Reibkraft F_r verursachen, mit der Führungslänge abnehmen.

Auch hier ist es sinnvoll, bei größeren Führungslängen die Mittelzone auszusparen, weil die Führungsfunktion nur von den Führungsenden übernommen wird.

3.2.2
Drehbewegung ohne Axialbewegung

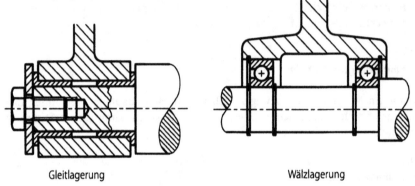

Gleitlagerung   Wälzlagerung

Bild 5.5. Drehbewegung ohne Axialbewegung

Als Gleitlagerung bietet sich i.allg. auch hierfür die zylindrische Lagerung an, wobei Axialflächen die Axialbewegung verhindern. Prinzipiell sind alle rotatorischen Flächen geeignet, eine Drehbewegung ohne Axialbewegung aufzunehmen, also auch eine Kegelfläche. Damit aber bei kleinem Radialspiel geringe Axialverschiebungen weder das Spiel noch die Reibung beeinflussen können, ist die zylindrische Lagerung nicht nur wegen der günstigen Herstellbarkeit, sondern auch funktionell vorzuziehen. Bundbuchsen übernehmen die radiale und axiale Abstützung.

Eine Drehbewegung ohne Axialbewegung läßt sich auch mit Wälzlagern sicherstellen. Ein Kugellager ist zwar radial spielfrei eingebaut, sofern die vorgeschriebenen Toleranzen an der Welle und in der Bohrung der Nabe eingehalten werden. Es hat aber axial immer etwas Spiel, wodurch ein Druckwinkel zur Aufnahme von Axialkräften aufgebaut werden kann. Dadurch ist ein Kugellager allein nicht geeignet, die Lagerung für eine ungeführte Nabe zu übernehmen, weil wegen des Axialspieles mögliche Kippmomente nicht aufgenommen werden können. Zwei Kugellager sind aber sehr wohl in der Lage mögliche Kippmomente abzustützen.

Doppelschrägkugellager dagegen, die von Haus aus kein Axialspiel besitzen, können mit ihren zwei Kugelreihen auch als Einzellager ein Abstützen geringer Kippmomente übernehmen.

3.2.3
Axialbewegung ohne gegenseitige Drehbewegung

Auch wenn die Drehbewegung ausgeschlossen werden soll, werden oft der Herstellung wegen im Prinzip runde Querschnitte bevorzugt. Am gebräuchlichsten ist die Keilwellenverbindung und die Ausführung mit Paßfeder.

(Weniger gebräuchlich als Längsprofil ist die Vierkantverbindung. Sie erfordert i.allg. einen etwas größeren Fertigungsaufwand)

   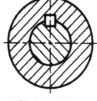   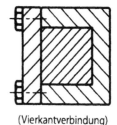

Keilwellenverbindung   Paßfederausführung   (Vierkantverbindung)

Bild 5.6. Drehfeste verschiebbare Profile

Diese Ausführungen sind als Längsführungen geeignet, weil die durch die in 3.2.1 beschriebenen Stützkräfte die Reibkraft nicht durch Keilwirkung verstärken.

Aus diesem Grund sind die Kerbverzahnung und das Polygonprofil nicht als Längsführungsprofile zu empfehlen. Beide Profile sind aber kostengünstiger als die Keilwelle herstellbar (Kerbverzahnung – wälzfräsen; Polygonprofil – drehen auf Spezialmaschine) und für feste Wellen-Naben-Verbindungen vorteilhaft.

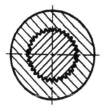   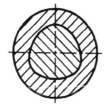

Kerbverzahnung   Polygonprofil P3G

Bild 5.7. Drehfeste nicht verschiebbare Profile

Das Keilwellenprofil wird in die Welle nach dem Drehen des Keilwellenaußendurchmessers mittels eines Scheibenfräsers gefräst. Die Nabe wird zuerst gebohrt, und anschließend werden die Nuten geräumt. Um den zu erwartenden Verschleiß und eine die Bewegung behindernde plastische Verformung möglichst zu verhindern, werden Längsführungen oft gehärtet und anschließend geschliffen, um den Härteverzug auszugleichen. Aus diesem Grund wird beim Keilwellenprofil als radiale Führung die Innenzentrierung gewählt. Die

Nabe läßt sich nur im Innendurchmesser schleifen, und in der Welle ist der dazu passende Nutgrund schleifend bearbeitbar. Die Seitenflächen des Keilwellenprofiles, die die Drehbewegung verhindern, tragen aus Toleranzgründen nicht vollständig (Mehrfachpassung). Wenn mit stoßhaften Bewegungen unterschiedlicher Drehrichtung zu rechnen ist, so sind auch die Seitenflächen der Welle aus Genauigkeitsgründen zu schleifen.

Die Paßfederausführung ist am einfachsten herstellbar. Die radiale Zentrierung (zylindrischer Durchmesser) ist sowohl in der Welle wie in der Nabe einfach zu schleifen. Die Paßfeder hat in der Welle einen festen Sitz (P9/h9) und in der Nabe einen Gleitsitz (D10/h9). Oft müssen längere Paßfedern bei rotierenden Gleitführungen verschraubt werden, um eine radiale Verlagerung im Betrieb zu vermeiden. Die Paßfederausführung ist preiswerter als die Keilwellenausführung, muß aber wegen der geringeren Abstützfläche eine größere Flächenpressung in Umfangsrichtung inkaufnehmen.

3.2.4
Offene Führungen

Die bisher erörterten Führungen waren geschlossene Führungen, d.h. mögliche radiale Abstützkräfte können in beliebiger Richtung aufgenommen werden.

Sind die möglichen Abstützkräfte auf bestimmte Richtungen begrenzt, können offene Führungen eine Lösungsmöglichkeit darstellen.

Beispielsweise kann bei einer Werkzeugmaschine das Eigengewicht des Schlittens dessen Lagerung auf dem Maschinenbett in offener Führung erlauben.

Offene Führungen, die ausschließlich eine Längsbewegung zulassen, sind in vielen Variationen möglich.

Im Bild 5.8 wird vorausgesetzt, daß Abstützkräfte vom Schlitten S auf das Bett B nur von oben nach unten und waagrechte Kräfte dazu in verhältnismäßig geringem Umfang übertragen werden müssen.

Natürlich ist hier auch eine Lösung mit senkrechten Abstützflächen – wie in 3.1 beschrieben – möglich.

Die hier dargestellten Lösungen haben demgegenüber den Vorteil der Spielfreiheit. Die keilförmigen Flächen erzwingen in waagrechter Richtung eine eindeutige und damit spielfreie Lage. Weil auch die Winkel der Keilflächen tole-

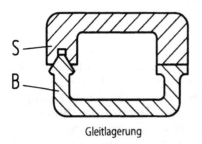

Gleitlagerung

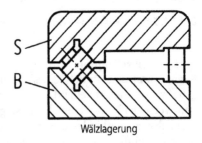

Wälzlagerung

Bild 5.8. offene Führung

ranzbehaftet sind und so die Gefahr besteht, daß der Schlitten nur auf der oberen oder unteren Kante der Keilfläche aufliegt, empfiehlt es sich, hier die Keilflächen an einem Bauteil leicht ballig herzustellen, was zu einer beabsichtigten, aber definierten Verringerung der theoretischen Auflagefläche führt.

Die Spielfreiheit wird hier erkauft durch eine höhere Reibung in der Führung, weil die senkrechten Abstützkräfte in Keilflächen aufgenommen werden müssen, die gegenüber einer waagrechten Abstützfläche höhere Reibkräfte bedingen.

Um eine Doppelpassung zu vermeiden, werden die waagrechten Kräfte nur auf einer Seite aufgenommen.

Die funktionsgleiche Ausführung mit Wälzlagern ist einerseits mit gekreuzten Rollen und andererseits mit einfachen hintereinander laufenden Rollen ausgestattet.

3.3
Lagezuordnung von Bauteilen

Die Lage von Bauteilen muß des öfteren aus Funktionsgründen räumlich einander zugeordnet werden. Passungen müssen diese Zuordnung sicherstellen.

3.3.1
Konzentrische Lagezuordnung

Aufgabe: Eine Wälzlagerung (hier Kugellager) muß nach außen abgedichtet werden. Zur Abdichtung ist ein Radialwellendichtring notwendig (die gummielastische Dichtlippe wird von einer Schlauchfeder an die Welle gedrückt; das Gummiteil ist in einen Versteifungsring einvulkanisiert).

Bild 5.9. konzentrische Lagerung

Der Wellendichtring muß aus Funktions- und Verschleißgründen ziemlich genau konzentrisch zur Welle laufen.

Die Welle ist über das radial spielfreie Kugellager im Gehäuse gelagert, weswegen die Welle konzentrisch zur Gehäusebohrung verläuft. Folglich muß ein Zusatzteil sicherstellen, daß die Gehäusebohrung und die Aufnahme für den Versteifungsring des Radialwellendichtringes konzentrisch verlaufen.

Dieses Zusatzteil ist ein Deckel, dessen zugehörige Durchmesser aus Genauigkeitsgründen in einer Aufspannung gedreht werden.

Eine Zuordnung in Umfangsrichtung ist hier nicht notwendig, weil der Dichtring und das Kugellager funktionell rotationssymmetrische Bauteile darstellen.

Deswegen und um eine radiale Mehrfachpassung zu vermeiden, stecken die Deckelschrauben in Deckeldurchgangsbohrungen, die ein erhebliches Spiel aufweisen.

Mit dem Einbau des Dichtringes in den Deckel ist das Verschleißteil Dichtring bei Wartungsarbeiten auch einfach austauschbar.

3.3.2
Vollständige Lagezuordnung

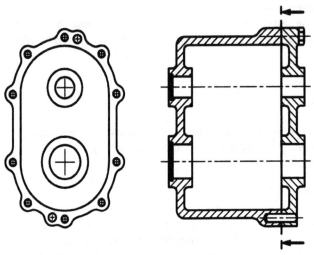

Bild 5.10. Getriebegehäuse

Aufgabe: Ein Getriebegehäuse, das zwei Wellen aufzunehmen hat, ist senkrecht zu den Wellenachsen geteilt. Die Bohrungen im Deckel und dem Gehäuseteil sind koaxial und bezüglich ihres axialen Abstandes zuzuordnen.

Lösung: Die gemeinsame Trennebene von Deckel und Gehäuseteil stellt den axialen Abstand der Bohrungen sicher. Die koaxiale Lage beider Bohrungspaare wird durch zwei Paßstifte sichergestellt, die der genauen Bohrungslagen wegen möglichst weit von einander entfernt angeordnet sein sollten. Sie sitzen in Bohrungen des Gehäuseteiles mit Übergangssitz bzw. relativ wenig Spiel. Die Bohrung im Deckel ist so bemessen, daß trotz der Abstandstoleranzen beider Zylinderstifte der Deckel immer noch gerade ohne Schwierigkeiten auf dem Gehäuseteil montierbar ist.

Kerbstifte und Spannstifte sind Alternativen zu den Zylinderstiften.

3.4
Befestigung von in der Montage noch einzustellenden Bauteilen

Im allgemeinen ist man bestrebt, die Fertigungstoleranz so zu gestalten, daß die Montage eindeutig und zwangsläufig die für die Funktion notwendigen Zustände ergibt. Die heutigen Fertigungsmöglichkeiten erlauben dies oft und erreichen damit auch meist die wirtschaftlichere Lösung, weil aufwendige Einstellarbeiten in der Montage, die oft mit durchzuführenden Messungen gekoppelt sind, nicht durchgeführt werden müssen. Außerdem werden die Fehlermöglichkeiten in der Montage mit notwendigen Einstellarbeiten deutlich erhöht.

Sind aber Einstellarbeiten unter wirtschaftlichen Gesichtspunkten nicht vermeidbar, müssen konstruktive Maßnahmen ergriffen werden, die die Funktionserfüllung der Bauteile in der Montage ermöglichen.

Nachstehende Beispiele beschreiben bestimmte Problemlösungen:

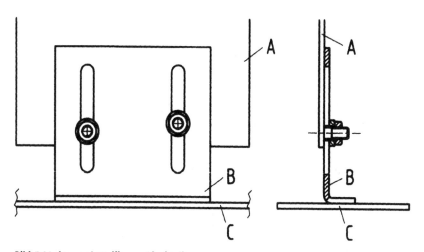

Bild 5.11. längs einstellbares Blechteil

1. Aufgabe: Das Blechteil *B* ist so am Blechteil *A* zu befestigen, daß es bündig mit dem Blechteil *C* abschließt. Die Lage des Blechteiles *A* ist gegenüber dem Blechteil *C* besonders in senkrechter Richtung großen Toleranzen unterworfen.

Lösung: Das Blechteil *B* wird über Langlöcher an Schraubbolzen angeschraubt, die am Blechteil *A* aufgeschweißt wurden. Die Langlöcher lassen eine senkrechte Einstellung des Blechteiles *B* zu; weil die Langlöcher geringfügig breiter ausgeführt sind als die Schraubenbolzendicke, ist auch eine kleine Drehbewegung möglich.

Die Mutter überträgt ihre Klemmkraft über eine Beilagscheibe, weil die Auflagefläche zwischen Mutter und dem vom Langloch geschwächten Blechteil *B* zu klein wäre.

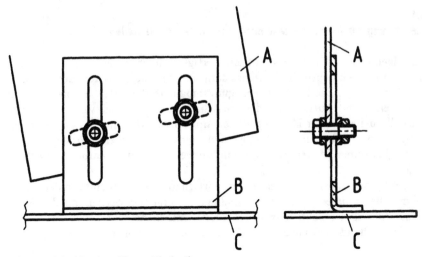

Bild 5.12. vielseitig einstellbares Blechteil

2. Aufgabe: Die Blechteile *A*, *B* und *C* haben die gleiche Zuordnung und die gleiche Funktion wie in der 1. Aufgabe. Das Blechteil *A* hat aber zusätzlich noch eine erhebliche Winkeltoleranz zum Blechteil *C*.

Lösung: Die am Blechteil *A* angeschweißten Schraubbolzen werden ersetzt durch Durchgangsschrauben, die durch sich kreuzende Langlöcher ragen. Dadurch können erhebliche Toleranzen in senkrechter und waagrechter Richtung samt Winkelfehlern ausgeglichen werden. Der notwendigen Auflagefläche wegen sind an beiden Blechteilen A und B Beilagscheiben notwendig.

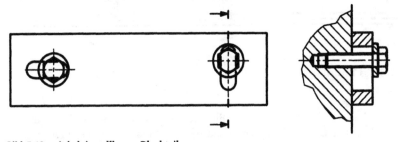

Bild 5.13. winkeleinstellbares Blechteil

3. Aufgabe: Ein Bauteil ist waagrecht an einer Wand zu befestigen. Die Befestigungsbohrungen in der Wand sind in waagrechter und senkrechter Richtung erheblichen Toleranzen ausgesetzt.

Lösung: Das Bauteil wird mit einem senkrechten und einem waagrechten Langloch ausgeführt. Das waagrechte Langloch bestimmt die Befestigungshöhe des Bauteiles, und das senkrechte Langloch legt die Lage in waagrechter Richtung fest. Beide Langlöcher zusammen können erhebliche Toleranzen der Befestigungsbohrungen ausgleichen.

Bild 5.14. mit Ausgleichsscheiben einstellbares Wälzlager

4. Aufgabe: Ein Kegelrollenlager stützt sich mit dem Innenring axial an einem Wellenbund und mit dem Außenring an einem Abschlußdeckel ab. Das Lager muß aus Funktionsgründen spielarm eingestellt werden. Die Fertigungstoleranzen der Welle und des Gehäuses sind zu groß, um ohne Einstellung in der Montage auszukommen.

Lösung: Nach der Montage wird in spielarmem Zustand die Differenz des Gehäuseüberstandes über den Lageraußenring und der Lagerdeckelbundlänge ausgeglichen.

Theoretisch wäre der Deckel auch ohne Bund vorstellbar (er wäre dann weniger aufwendig herstellbar). Dann aber bestünde bei der Montage die Gefahr, daß die dünnen Ausgleichsscheiben in den Spalt zwischen Gehäuse und Deckel geklemmt würden. Deshalb ist der Bund vorteilhaft. Eine genaue Zentrierung jedoch – wie etwa bei einem Dichtungsdeckel – ist nicht notwendig.

Bild 5.15. mit Wellenmutter einstellbares Wälzlager

5. Aufgabe: Ein Kegelrollenlager stützt sich mit dem Außenring axial an einem Gehäusebund und mit dem Innenring an der Welle ab. Das Lager muß aus Funktionsgründen spielarm eingestellt werden.

Lösung: Die Abstützung übernimmt eine Wellenmutter, die nach der Montage des Lagers eingestellt und durch das Sicherungsblech gesichert wird.

3.5
Konstruktive Maßnahmen zum Einbau von Wälzlagern

Das Wälzlager ist ein sehr weit verbreitetes, genormtes Maschinenelement, das für seine Verwendung zahlreiche konstruktive Voraussetzungen an sein Umfeld stellt. Deshalb werden nachfolgend wichtige konstruktive Erfordernisse erörtert.

3.5.1
Radiale Einbautoleranzen

Die meisten Wälzlager bestehen aus einem Innen- und Außenring, zwischen denen die Wälzkörper angeordnet sind, die wiederum in einem Käfig zusammengehalten werden. Die Ringe müssen auf die Welle bzw. in die Gehäusebohrung eingepaßt werden, was von den Lastverhältnissen abhängt.

Bei Umfangslast (Last läuft relativ zum Ring um) erhält der Ring eine enge Übergangs- bis mittlere Preßpassung. Dieser stramme Sitz ist notwendig, um ein Walken des Ringes in Umfangsrichtung unter Last zu vermeiden. Ein Walken würde den Sitz beschädigen oder gar Passungsrost verursachen.

Der zweite Ring wird dann meist mit Punktlast (Last steht relativ zum Ring still) beansprucht. Der Sitz für diesen Ring kann deswegen mit einer engen Spiel- bis weiten Übergangspassung versehen sein. Dadurch wird eine manchmal notwendige axiale Verschiebung im Betrieb ermöglicht und die Montage vereinfacht.

Die beiden Passungen für beide Ringe sind so aufeinander abgestimmt, daß die Radialluft des Normallagers im Betriebszustand äußerst gering bis etwa null ist.

Meist ist der Innenring mit Umfangslast und der Außenring mit Punktlast belastet, weswegen die folgenden Abbildungen immer von diesem Belastungsfall ausgehen.

3.5.2
Axiale Befestigung der Lager

Eine Welle wird gewöhnlich in 2 Lagern, selten statisch unbestimmt in 3 und mehr Lagern gelagert.

Axialkräfte können (von zusammengepaßten Tandemanordnungen abgesehen) in jeder Richtung immer nur von einem Lager aufgenommen werden.

Deswegen sind die Fest-Los-Lagerung und die Stützanordnung mögliche Lagerungsalternativen.

3.5.2.1
Fest-Los-Lagerung

Bei der Fest-Los-Lagerung übernimmt ein Lager (Festlager) die axialen Abstützkräfte in beiden Richtungen und das andere (Loslager) ist axial nicht belastbar.

In Bild 5.16 ist das linke Lager das Festlager und das rechte das Loslager. Axialkräfte in beiden Richtungen werden ausschließlich vom linken Lager aufgenommen. Das rechte Lager kann bei Wärmedehnungen mit seinem Außenring in der Gehäusebohrung gleiten. Die Passung erlaubt eine Verschiebung.

Der Abstand beider axialer Abstützflächen ist gering, und somit ist dieser auch nur gering toleranzbehaftet.

Während das Festlager innen und außen nach beiden Richtungen axial abgestützt sein muß, wird auch der Innenring beim Loslager in beide Richtun-

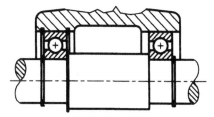

Bild 5.16. Fest-Los-Lagerung

gen festgelegt, damit durch die Walkgefahr, der zwar mit einem recht festen Sitz begegnet wird, auf keinen Fall eine axiale Verschiebung droht.

Als Loslager können auch Nadellager ohne Innenring, Nadelhülsen und Nadelbüchsen fungieren. Die Welle dient dann als Laufbahn, muß gehärtet (58–65 HRC) und fein geschliffen (Ra = 0,2 μm) sein. Der Außenring, die Nadelhülse und -büchse müssen axial nicht befestigt werden, wenn sie nur mit Punktlast beansprucht werden.

Diese Bauweise ohne Innenring baut radial platzsparend.

Noch günstiger in dieser Hinsicht sind die Nadelkränze, die aber zur Voraussetzung haben, daß auch die Bohrung den Laufflächenvoraussetzungen standhält. Nadelkränze müssen axial mit ausreichendem Spiel (H11) entweder auf der Welle, in der Bohrung oder zwischen beiden gehalten werden.

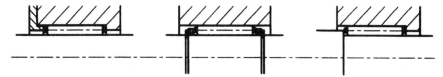

Bild 5.17. axiale Führung von Nadelkränzen

Wird ein Nadelkranz durch Sicherungsringe axial geführt, so empfiehlt es sich, zusätzlich Beilagscheiben einzubauen, um eine Verletzung des Nadelkranzkäfigs (vor allem einen aus Kunststoff) am Sicherungsring zu vermeiden.

3.5.2.2
Stützanordnung

Bei der Stützanordnung teilen sich zwei Lager die Abstützung der Axialkräfte.

In Bild 5.18 übernehmen Kräfte auf die Wellen nach links bei der Gleitlagerung nur das rechte Lager, bei der Wälzlagerung nur das linke Lager und umgekehrt.

Mit dieser Anordnung kann eine axial spielfreie Lagerung erreicht werden, wenn auch der Abstand der axialen Abstützflächen aus Toleranzgründen meist eine Einstellung in der Montage notwendig macht und thermische Längenänderungen im Betrieb das Spiel merklich verändern können.

Deshalb findet diese Anordnung selten Anwendung bei langen Wellen.

Die Lager müssen am Innen- und Außenring jeweils einseitig axial abgestützt sein.

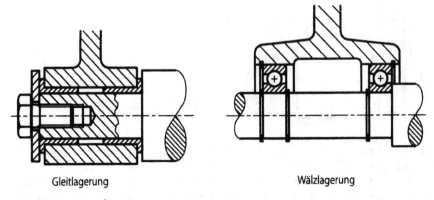

Gleitlagerung   Wälzlagerung

Bild 5.18. Stützanordnung

Während bei nicht zerlegbaren Lagern (Rillenkugel-, Pendelkugel-, Pendel-rollen-, Doppelschrägkugellager) die Stützanordnung auch mit Spiel realisierbar ist, müssen Schrägkugellager und Kegelrollenlager sorgfältig gegeneinander angestellt werden.Bei den letzten beiden Lagerarten ist das axiale und radiale Spiel von einander abhängig, weswegen die Funktion und Lebensdauer unter einer nicht fachgerechten Anstellung leiden würden.

3.5.2.3
Axiale Abstützmöglichkeiten

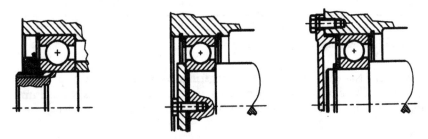

Bild 5.19. axiale Lagerabstützmöglichkeiten

Sicherungsring:
Der Sicherungsring ist die gebräuchlichste und meist wirtschaftlichste Abstütz-möglichkeit. Bei der Verwendung zweier Sicherungsringe im Gehäuse und auf der Welle ist das Gehäuse in einem Arbeitsgang zu schruppen und anschlie-ßend zu schlichten, während die Welle geschliffen werden kann, ohne bei-spielsweise Rücksicht auf einen nahe heranragenden Bund nehmen zu müssen.

Nachteilig ist die mit der scharfkantigen Nut verbundene Kerbwirkung in der Welle. Glücklicherweise sind aber die auftretenden Biegemomente in Lagernähe an Wellenenden meist vernachlässigbar.

Auch ist mit dem Sicherungsring kein spielfreier Verbau möglich. Die Montage erfordert ein axiales Mindestspiel. Ein zu großes Spiel kann jedoch mit zusätzlichem Montageaufwand durch Paßscheiben minimiert werden. Auch damit aber eignen sich die Sicherungsringe wegen des Restspieles nicht zum gegenseitigen Anstellen von Schrägkugel- und Kegelrollenlagern.

Die Scherbeanspruchung der Sicherungsringe ist begrenzt. Deshalb muß ihre Verwendung beim Auftreten hoher Axialkräfte auf Zulässigkeit überprüft werden.

Zudem werden die Sicherungsringe von den Wälzlagern zusätzlich auf Biegung beansprucht, weil ihre Rundungsradien beim Auftreten einer Axialkraft ein Biegemoment auf den Sicherungsring verursachen. Abhilfe leistet hierfür ein Stützring, der das Biegemoment abstützt und ausschließlich die Scherkraft an den Sicherungsring weiterleitet.

Wellenschulter:
Die Wellenschulter bildet eine sichere Abstützung. Aus Kerwirkungsgründen ist ein Übergangsradius notwendig.

Wellenmutter:
Die Wellenmutter ist samt Nut für das Sicherungsblech keine billige Lösung. Sie ist aber in der Lage, hohe Axialkräfte spielfrei abzustützen (z.B. für Kegelrollenlager). Die Einstellung in der Montage erfordert zusätzlichen Aufwand.

Stirnseitig angeschraubte Scheibe:
Eine stirnseitig angeschraubte Scheibe ist nur am Wellenende darstellbar. Die mögliche Vorspannung ersetzt die bei der Wellenmutter notwendige Sicherung, und deswegen ist diese Scheibenbefestigung gegenüber der Wellenmutter preisgünstiger.

Abstandshülsen:
Abstandshülsen bilden eine preiswerte, kerbspannungsfreie Möglichkeit Axialkräfte von Wälzlagern auf andere Bauteile zu übertragen.

Gehäuseabsatz:
Der Gehäuseabsatz ist eine sichere Abstützmöglichkeit, ist jedoch für die rationelle Bearbeitung der Bohrung nicht förderlich.

Gehäusedeckel:
Auch der Gehäusedeckel stützt Axialkräfte sicher ab. Er ist aber auch wegen seiner Verschraubung am Gehäuse keine preiswerte Lösung. Der Deckel muß meist aus Dichtigkeitsgründen an der Verschraubungsfläche auf dem Gehäuse aufliegen. Deshalb ist es zur Vermeidung einer axialen Doppelpassung meist nötig, Ausgleichsscheiben zu verbauen, sofern axiale Spielfreiheit bei der Lagerung notwendig ist.

3.5.3
Gehäuse-Verschlußdeckel

Die Gehäusebohrungen werden aus Fertigungsgründen meist als durchgängige Bohrung hergestellt, auch wenn diese für den Betriebsfall wieder verschlossen werden muß. Die dafür notwendigen Verschlußdeckel können eine Abstützfunktion ausüben, müssen fast immer diese Bohrung nach außen gegen Fett- oder Ölaustritt abdichten. Nachfolgend werden drei Alternativen für eine solche Deckelausführung beschrieben:

Verschraubter Massivdeckel:

Bild 5.20. verschraubter Massivdeckel

Der verschraubte Massivdeckel kann mit einem grob zentrierten Ansatz mit und ohne Ausgleichsscheiben Axialkräfte abstützen. Die Dichtwirkung kann durch einen O-Ring oder durch eine dünn aufgetragene Dichtmasse auf der Anschraubfläche sichergestellt werden.

Wichtig ist, daß aus Dichtigkeitsgründen die Deckelschrauben nicht in den abzudichtenden Innenraum ragen.

Gesteckter Massivdeckel:

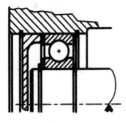

Bild 5.21. gesteckter Massivdeckel

Wenn die Stützwirkung des Lagers mit geringem Spiel (Sicherungsring!) ausreicht, ist ein gesteckter Massivdeckel mit O-Ring-Dichtung zulässig.

Besonders durch den Wegfall der Befestigungsschrauben ist diese Lösung wesentlich preisgünstiger.

Blechdeckel:

Bild 5.22. Blechdeckel

Dieser Deckel wird aus einer Scheibe tiefgezogen. Der Blechdeckel kann keine Stützfunktion aufnehmen.

Er hat bei Montage ein geringes Spiel mit der Gehäusebohrung. Die Dichtwirkung wird hergestellt durch eine stoßartige Krafteinwirkung (Hammerschlag) auf das Zentrum des Deckels, die wegen der balligen Ausführung eine plastische Verformung auch in radialer Richtung zur Folge hat. Diese Verformung stellt dann die Dichtwirkung sicher.

Diese Deckelausführung ist die weitaus preiswerteste der beschriebenen und wird beispielsweise auch zum Verschließen von Kernlochbohrungen verwandt.

3.5.4
Montage von Wälzlagern

Weil in der Vormontage die Bauteile meist noch besser handhabbar sind und deswegen schwierigere Montagevorgänge dort erfolgen sollten, ist es aus Montagegründen zweckmäßig, bei nicht zerlegbaren Lagern den festeren Sitz eines Wälzlagerringes (Ring mit Umfangslast) in der Vormontage vorzunehmen.

Weil im Normalfall dieser festere Sitz am Innenring sichergestellt wird, ist es i.allg. anzustreben, die nicht zerlegbaren Lager auf der Welle vorzumontieren. Der weniger stramme Sitz am Außenring kann dann mit weniger Montageaufwand in der Endmontage hergestellt werden.

Die Ringe von zerlegbaren Lagern (z.B. Kegel-, Zylinderrollenlager) sollten möglichst in der Vormontage getrennt auf die Welle aufgepreßt bzw. in die Gehäusebohrung eingeführt werden, während der Lagerzusammenbau dann erst in der Endmontage erfolgt.

Dabei sollen zylindrische Wälzlager (Zylinderrollenlager, Nadellager, -kränze, -büchsen, -hülsen) unbelastet mit einer schraubenden Drehung eingeführt werden, um Schürfmarken zu vermeiden.

Einführfasen erleichtern das Einführen der Wälzlagerringe, wobei 20°-Fasen sich für die Montage günstiger auswirken als 45°-Fasen.

Die Montageempfehlungen sind gerade an den Konstrukteur gerichtet, denn dieser muß durch die Bauteilanordnung möglichst viele davon ermöglichen. Er entscheidet also darüber, ob die Montage wirtschaftlich, aber auch betriebssicher ohne größeres Risiko von Fehlmontagen erfolgen kann.

In einer montagegerechten Strukturstückliste kann dann die beabsichtigte Montagefolge dokumentiert werden.

3.5.5
Wellendichtungen

3.5.5.1
Auswahl von Wellendichtungen

Die Lager und oft auch andere Maschinenelemente im Gehäuse müssen geschmiert werden, um Verschleiß, Korrosion und Reibung zu mindern. Als Schmiermittel werden Fette und Öle, seltener Festschmierstoffe verwandt.

Das Gehäuse muß gegen Austritt von Schmiermittel, aber auch gegen Eindringen von Schmutz und Feuchtigkeit abgedichtet werden. Die Dichtwirkung ist besonders beim Eintritt der sich drehenden Wellen ins Gehäuse nur mit Aufwand zu erreichen.

Als nicht schleifende Dichtungen bieten sich vorwiegend bei Verwendung von Fetten und hohen Wellendrehzahlen Spaltdichtungen an. Sie arbeiten verschleiß- und reibungsfrei und haben folglich eine unbegrenzte Lebensdauer. Die einfache Spaltdichtung, die Rillendichtung bis hin zur Labyrinthdichtung sind Ausführungsvarianten.

Schleifende Dichtungen dagegen haben des Verschleißes wegen eine begrenzte Lebensdauer (erfordern eine sorgfältig bearbeitete Gleitfläche) und sind besonders bei hohen Drehzahlen der Reibungswärme ausgesetzt. Sie besitzen aber i.allg. eine bessere Dichtwirkung als die Spaltdichtungen.

Bei kleinen Umfangsgeschwindigkeiten der austretenden Wellen (bis ca. 4 m/s) finden einfache Filzringe Verwendung.

Bei Fettschmierung sind außerdem Abdeckscheiben üblich, die entweder am Lager federnd verspannt werden oder schon im Lager selbst verpreßt sind.

Die am häufigsten verwendete Dichtung aber ist der Radial-Wellendichtring. Er wirkt auch bei höheren Umfangsgeschwindigkeiten, ist für Fett- und Ölschmierung geeignet und hat eine erhebliche Lebensdauer.

Die aus Elastomeren bestehende Dichtlippe wird von einer Schlauchfeder leicht und gleichmäßig gegen die Welle gedrückt. Ein Versteifungsring aus Stahl stellt den sicheren Sitz im Gehäuse sicher.

3.5.5.2
Konstruktive Hinweise zum Einbau von Radial-Wellendichtringen

Der Radial-Dichtring ist so einzubauen, daß seine Dichtlippe gegen das zu dichtende Medium zeigt. Die Welle muß im Bereich des Dichtringes orientierungsfrei vorzugsweise durch Einstichschleifen endbearbeitet werden ($R_t=1$ bis 4 μm), normalerweise mit einer Durchmessertoleranz h11. Damit sich der Dichtring im Betrieb nur sehr begrenzt eingraben kann, soll die Oberflächenhärte 45 bis 60 HRC betragen.

Zum Einpressen des Dichtringes ins Gehäuse oder in einen Deckel sollte eine 5°- bis 10°-Anfasung vorgesehen werden.

Beim Einbau darf vor allem die Dichtlippe nicht beschädigt werden, weswegen an der Welle bzw. einer Wellenbüchse eine 15°- bis 25°-Fase notwendig ist, deren Kanten zusätzlich gerundet und poliert sein sollen.

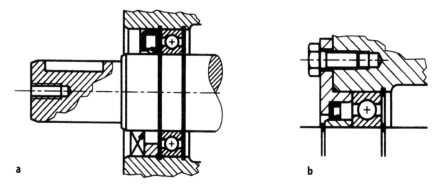

Bild 5.23. Beispiele für die Anordnung von Radial-Wellendichtringen

Bild 5.23a zeigt die am wenigsten aufwendige Lösung für eine Wälzlagerung mit Radialdichtring.

Der Dichtring hat den gleichen Durchmesser wie das Rillenkugellager, weswegen ein Deckel trotz Durchgangsbohrung im Gehäuse vermieden werden kann. Damit beim Aufziehen des Lagerinnenringes der Sitz der Dichtlippe nicht beschädigt wird, wird der Wellendurchmesser im Laufbereich des Dichtringes um ca. 0,2 mm ohne nachteilige Auswirkung auf die Dichtfunktion vermindert.

Nach einem Austausch des Dichtringes soll die Dichtkante des neuen Dichtringes nicht auf der alten Laufstelle zur Anlage kommen, weil sich jede Dichtlippe über der Zeit auch auf gehärteten Flächen etwas einschleift. Die Lageveränderung wird durch den Einbau eines Distanzringes erreicht (dargestellt in unterer Bildhälfte; Wellendichtring in Symboldarstellung).

Bild 5.23b zeigt den Einbau des Dichtringes in einen Deckel, wodurch der Austausch nach Erreichen der Lebensdauer erleichtert wird. Eine Bohrung im Deckel erleichtert das Demontieren. Der Wellendichtring läuft auf einer Wellenbüchse, die wegen des Einschleifens der Dichtlippe mit dem Dichtringtausch mitgewechselt wird. Die Wellenbüchse wird ebenso wie der Gehäusedeckel mit einem O-Ring abgedichtet.

Beanspruchungsgerechtes Konstruieren

1
Einführung

Bei jedem Produkt ist neben der Funktion, Herstell- und Montierbarkeit auch auf die Haltbarkeit zu achten, die meist nur für eine begrenzte Beanspruchung gewährleistet ist.

Wird diese Beanspruchung zu groß, können Schäden durch Bruch, Verformung, Verschleiß, Flankenschaden, Freßerscheinung, Gefügeumwandlung usw. auftreten.

Hervorgerufen wird die Beanspruchung durch Kräfte und/oder Momente – im nachfolgenden mit dem Sammelbegriff „Lasten" bezeichnet –, die von außen auf das Produkt und in dessen Innerem wirken können.

2
Lastflußdefinition

Die Lasten greifen nicht nur von außen an bestimmten Stellen des Produktes an, sondern diejenigen Lasten, die miteinander im Gleichgewicht stehen, müssen sich innerlich gegeneinander abstützen, sind durchgängig miteinander verbunden und durchziehen Querschnitte, Scherflächen und Trennfugen der Bauteile. Diese Lastverbindung wird Lastfluß genannt.

Die Spannzange bestehend aus dem Spannbügel B und der Schraube S wird im gespannten Zustand vom Werkstück W mit den Kräften F beansprucht und im Gleichgewicht gehalten.

Die Kräfte F stützen sich innerhalb der Spannzange gegeneinander ab und beanspruchen damit den Bügel und den Gewindeteil der Schraube zwischen Werkstück und Bügel (Lastfluß).

Der restliche Teil der Schraube ist im geklemmten Zustand unbeansprucht, spannungslos.

3
Lastflußbedeutung

Der Lastfluß erzeugt auf seinem gesamten Weg Spannungen und Verformungen. Er kennzeichnet somit die beanspruchten Bauteilzonen.

Zonen, in denen kein Lastfluß wirkt, sind andererseits auch ohne Beanspruchung.

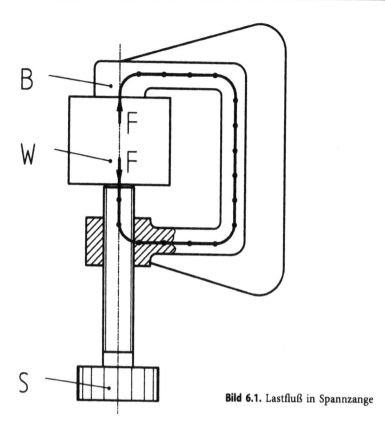

Bild 6.1. Lastfluß in Spannzange

Will man die Beanspruchung auf Zulässigkeit überprüfen, so ist die Bauteilsicherheit bzw. die Bauteilverformung zu bestimmen. Diese sind nicht nur von den Lasten und den zugehörigen Querschnitten, Scher- und Auflageflächen abhängig, sondern auch von den Werkstoffgrößen.

Die Bauteilsicherheit und die Bauteilverformung hängen also ab von den Lasten, der Bauteilgeometrie und den Werkstoffgrößen.

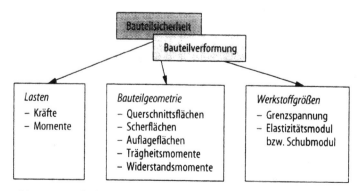

Bild 6.2. Bauteilsicherheit, -verformung

Ziel ist es, mit Hilfe des Lastflusses die Beanspruchung des Produktes als Ganzes zu beurteilen, d.h. auf einen sinnvollen Verlauf und eine gute Werkstoffausnutzung zu achten, und im Detail qualitativ kritische Spannungen und Verformungen zu erkennen, die dann dort durch Rechnung quantitativ zu bestimmen sind.

4
Lastflußgesetze

Der Lastfluß unterliegt mechanischen und festigkeitsmäßigen Gesetzen. Im folgenden werden die wichtigsten Regeln aufgeführt unter der Voraussetzung, daß die Kräfte ausschließlich mechanisch übertragen und Beschleunigungskräfte vernachlässigt werden können:

4.1   Alle Bauteile müssen mit den in sie hinein- bzw. aus ihnen herauslaufenden Lasten im Gleichgewicht sein (Gleichgewichtsbedingung).

4.2   Der Lastfluß durchläuft vornehmlich den kürzesten und steifsten Verbindungsweg, nimmt somit vornehmlich den Weg der geringsten Verformung.

4.3   Eine Kraft kann ohne Reibung von Bauteil zu Bauteil nur mit Flächenpressung senkrecht zu deren Kontaktfläche übertragen werden.

4.4   Keine Kraft kann ohne Reibung von Bauteil zu Bauteil in der Richtung übertragen werden, in der beide zueinander einen Freiheitsgrad besitzen.

4.5   Eine Reibkraft wird von Bauteil zu Bauteil mit Schubspannung in Richtung ihrer Kontaktfläche übertragen.

4.6   Wird eine Kraft in ein Bauteil eingeleitet und verläßt der dadurch entstehende Lastfluß deren Wirkungslinie, so entstehen in den Bauteilquerschnitten Momente, die mit dem Abstand des Lastflusses von der Wirkungslinie zunehmen, solange der Lastfluß sich nicht teilt.

4.7   Miteinander verspannte, aber äußerlich nicht belastete Bauteile besitzen einen geschlossenen Lastfluß (z.B. mit Befestigungsschrauben zusammenmontierte Bauteile).

zu 4.2:

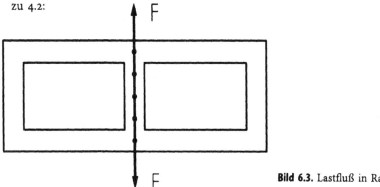

Bild 6.3. Lastfluß in Rahmen

Obigen Rahmen, der durch die Kräfte F beansprucht wird, durchläuft vornehmlich nur ein Lastfluß im Mittelsteg. Die Beanspruchung in den Außenstegen ist vergleichsweise gering, weil biegebeanspruchte Teile in Belastungsrichtung wesentlich elastischer sind.

zu 4.3:

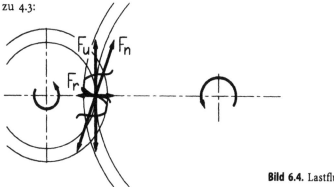

Bild 6.4. Lastfluß in Zahnrädern

Zwei miteinander kämmende Zahnräder belasten sich nicht nur mit der Umfangskraft F_u, sondern zusätzlich noch mit einer Radialkraft F_r, weil die reibungsrei angenommenen Flanken nur Kräfte F_n senkrecht zu ihrer Kontaktfläche übertragen können.

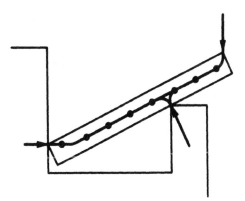

Bild 6.5. Lastfluß in Stab

Ein Stab, der reibungsfrei an einer Wand und auf einer Kante aufliegt, kann sich dort nur senkrecht zu seinen Kontaktflächen abstützen.

zu 4.4:

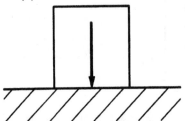

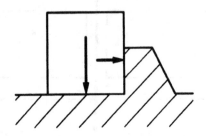

Bild 6.6. Quader auf Ebene

Ein reibungsfrei auf einer Ebene liegender Quader kann nur senkrecht zu seiner Auflage Kräfte übertragen.

Hat die Auflage einen seitlichen Anschlag, so kann dieser Quader auch zusätzlich Kräfte in Richtung des Anschlages übertragen.

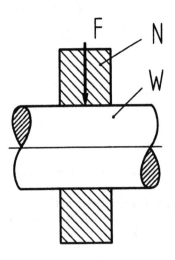

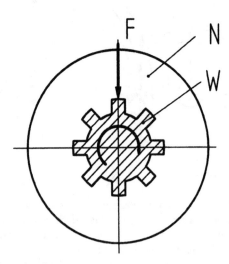

Bild 6.7. Lastübertragung zwischen Welle und Nabe

Eine zylindrische Nabe N mit Spielpassung auf der Welle W kann weder zu dieser ein Drehmoment noch eine Axialkraft, sondern nur eine Radialkraft übertragen.

Eine Nabe N, die mit Spielpassung auf einer Keilwelle sitzt, kann zwar keine Axialkräfte, aber Radialkräfte und Drehmomente übertragen.

zu 4.5:

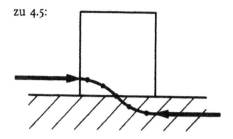

Bild 6.8. Lastfluß einer Reibkraft

Ein reibungsbehaftet auf einer Ebene liegender Quader kann eine Reibkraft in Richtung seiner Auflage übertragen.

zu 4.6:

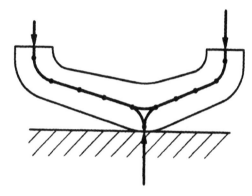

Bild 6.9. Lastfluß mit Biegemoment

Die mit den oben angreifenden Kräften eingeleiteten Lastflüsse verlassen deren Wirkungslinien und erreichen beim Zusammentreffen mit dem von unten kommenden Lastfluß ihr maximales Biegemoment.

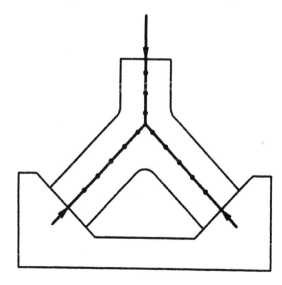

Bild 6.10. Lastfluß ohne Biegemoment

Die Einzellastflüsse ausgehend von den außen angreifenden Kräften verursachen kein Biegemoment, weil sie bis zu ihrem Zusammentreffen in Richtung der Auflagerkräfte verlaufen.

zu 4.7:

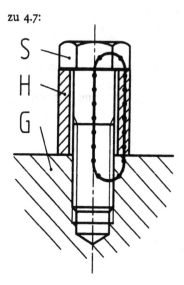

Bild 6.11. Lastfluß in Hülsenbefestigung

Die Hülse *H* wird von der Schraube *S* am Gehäuse *G* befestigt. Äußere Kräfte sind nicht vorhanden. Die beim Anziehen der Schraube in ihr erzeugte Zugkraft stützt sich über den Schraubenkopf auf die Hülse ab, während das Gehäuse diese Stützkraft über das Schraubengewinde wieder an die Schraube weiterleitet.

Der Lastfluß setzt sich hier aus einem Zug- und einem Druckspannungsteil zusammen.

(Der Übersichtlichkeit halber ist der Lastfluß nur im rechten Hülsenschnitt gezeichnet, obwohl er in Wirklichkeit die Hülse rotationssymmetrisch durchfließt.)

5
Lastflußdarstellung samt Kennzeichnung der Spannungsarten

5.1 Der Lastfluß wird als durchgezogene bepunktete Linie (—•—•— orange) gezeichnet, die i.allg. durch die Mitte der beanspruchten Querschnitte, Scherflächen und Trennfugen verläuft (s. Bild 6.1). Immer jedoch ist er im Inneren des Materiales des jeweiligen beanspruchten Bauteiles zu zeichnen (s. Bild 6.11 - Hülse).

5.2 In Schnitten von symmetrischen Bauteilen kann der Lastfluß der Übersichtlichkeit halber nur einseitig dargestellt werden (s. Bilder 6.11 + 6.13).

5.3 Wird ein Bauteil, in dem ein Lastfluß verläuft, in einer Ansicht oder in einem Schnitt von einem anderen Bauteil örtlich verdeckt oder wurde es zeichnerisch weggeschnitten, so ist der Lastfluß dort als gestrichelte bepunktete Linie (orange) zu zeichnen (s. Bild 6.13).

5.4 Entlang des Lastflusses werden die Arten der wichtigsten auftretenden Spannungen markiert (Bild 6.12):

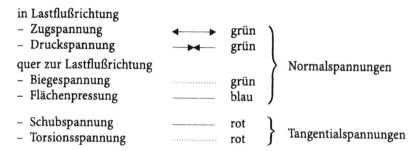

zu 5.4

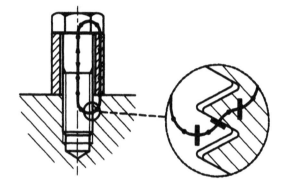

Bild 6.12. Spannungen in Hülsenbefestigung

zu 5.3

Der Bolzen *B* steckt in der Lasche *L* und beansprucht diese auf Zug.

Der Lastfluß in der Lasche wird in der oberen Darstellung im Bereich des Bolzens gestrichelt, weil dieser den Lastfluß dort verdeckt.

In der unteren und oberen Darstellung ist der Lastfluß nur einseitig gezeichnet, weil der Bolzen und die Lasche symmetrisch sind.

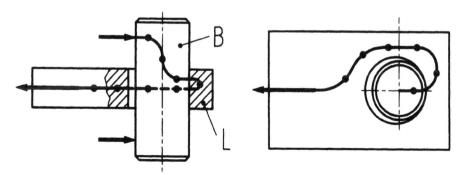

Bild 6.13. Lastfluß in Bolzen und Lasche

6
Lastflußermittlung

Der Lastfluß oder die Lastflüsse läßt sich bzw. lassen sich mit vorhandener Erfahrung oft direkt in die Produktdarstellungen eintragen. Bei komplexen Produkten bzw. mangelnder Erfahrung empfiehlt es sich, schrittweise wie folgt vorzugehen, um die Übersicht nicht zu verlieren:

6.1
Zerlegung des Produktes in Baueinheiten

Besteht ein Produkt aus vielen Bauteilen, so ist es schon schwierig den groben Weg des Lastflusses zu erkennen, weil das gegenseitige Abstützen der einzelnen Bauteile im gesamten schwer überschaubar ist. Deshalb trennt man zunächst das Produkt gedanklich in Baueinheiten, d.h. in Bauteile bzw. festgefügte Baugruppen, deren Bauteile untereinander keine Freiheitsgrade besitzen. Diese Baueinheiten betrachtet man zunächst als untrennbare Gebilde, als ein Bauteil.

6.2
Ermittlung der Lasten auf diese Baueinheiten

Ausgehend von den äußeren Lasten werden nun die Lasten ermittelt, mit denen sich die Baueinheiten gegenseitig abstützen. Durch das oft mögliche Zusammenfassen zu Baueinheiten wird das Produkt übersichtlicher und vorhandene Freiheitsgrade zu den Nachbarbaueinheiten erleichtern die Lastermittlung.

Darauf zu achten ist, daß die Last, die von der Nachbarbaueinheit her wirkt, auf diese wiederum als Reaktionslast, also mit umgekehrter Richtung wirkt.

Alle Baueinheiten müssen mit den auf sie wirkenden Lasten im Gleichgewicht sein. Es empfiehlt sich, alle Kontaktflächen zu den anderen Baueinheiten auf mögliche Lastübertragungen zu prüfen.

6.3
Ermittlung des Lastflusses mit den zusammengefaßten Baueinheiten

Der Lastfluß ist die Verbindung der Abstützlasten und nimmt vornehmlich den steifsten Verbindungsweg.

Aus Gründen der Übersichtlichkeit ist es oft empfehlenswert, trennbare Lastflüsse in separate Schnitte und Ansichten einzuzeichnen (z.B. bei Getrieben Separierung des Drehmomentenflusses vom Lastfluß der Lagerabstützkräfte bzw. Separierung der Lastflüsse für die verschiedenen Baueinheiten).

6.4
Ermittlung des Lastflusses innerhalb der wieder aufgegliederten Baueinheiten

Mit der Annahme, jede festgefügte Baugruppe als untrennbares Gebilde zu betrachten, hat der Lastflußverlauf oft eine unzulässige Vereinfachung erfahren, die mit einer gedanklichen Wiederaufgliederung der Baueinheiten in Bauteile verfeinert, den wirklichen Verhältnissen angepaßt werden muß.

(Kräfte können von Bauteil zu Bauteil nur senkrecht zu ihren Kontaktflächen übertragen werden, wenn Reibkräfte vernachlässigbar sind!)

Außerdem sind in diesen Baueinheiten evtl. vorhandene innere geschlossene Lastflüsse zu erkennen.

6.5
Kennzeichnung der auftretenden Spannungsarten

Die Lastflußgesetze helfen zur Ermittlung der Spannungsart.

Oft ist es aber auch hilfreich, sich die Baueinheiten bzw. die Bauteile aus Gummi und mit den gegebenen Lasten ihre Verformung vorzustellen. Aus dem Ort und der Art der Verformung läßt sich meist ebenfalls sicher auf die Spannungsart schließen.

Beispiel 6.1: Konsolhalterung

Der Bolzen B steckt lose in den Wandhaltern H_1 und H_2. Die drehbare, mit der Kraft F_1 belastete Konsole K ist oben mit ihrer Bohrung in den Bolzen B eingehängt und stützt sich unten über ein offenes Langloch im Bolzen B am Halter H_2 ab.

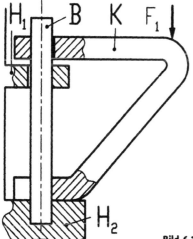

Bild 6.14. Konsolenhalterung

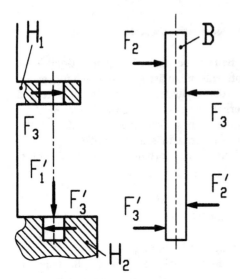

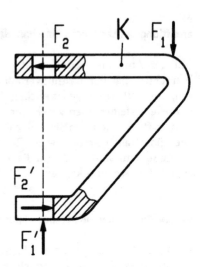

Bild 6.15. Kräfte an Konsolenhalterung

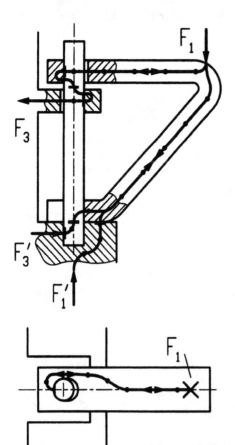

Bild 6.16. Lastfluß in Konsolenhalterung

zu 6.1 Zerlegung in Baueinheiten

Die Konsolenhalterung wird zerlegt in Bauteile bzw. festgefügte Baugruppen, die zueinander Freiheitsgrade besitzen.

Die Konsole K, der Bolzen B und die Wandhalterung H sind gegenseitig beweglich und werden folglich als Baueinheiten betrachtet.

Eine Zusammenfassung zueinander unbeweglicher Bauteile ist hier nicht notwendig und möglich.

zu 6.2 Ermittlung der Lasten auf diese Baueinheiten

a) Konsole
Die Kraft F_1 muß aus Gleichgewichtsgründen nach unten mit einer Kraft F_1' abgestützt werden. Die Konsole hat Kontakt zu Nachbarteilen in ihrer oberen Bohrung und in ihrer unteren Langlochaussparung. Die Bohrung hat im Bolzen in Richtung der Kraft F_1 einen Freiheitsgrad, die obere Lasche ist axial beweglich und somit ist dort die Kraft F_1 nicht abstützbar. Entsprechendes gilt für die untere Lasche. Die Kraft F_1 ist ausschließlich mit der Kraft F_1' am Halter H_2 abstützbar. Beide Kräfte F_1 und F_1' sind zwar im Kräftegleichgewicht, bilden aber ein Moment, das durch ein zweites Kräftepaar F_2 und F_2' ausgeglichen werden muß, das über waagerecht verlaufende Kräfte vom Bolzen B übernommen werden kann. Da Kräfte nur über Flächenpressung von Bauteil zu Bauteil übertragen werden können, wird die Kraft F_2 in der oberen Bohrung links und F_2' im unteren Langloch rechts übertragen.

b) Bolzen
Am Bolzen B werden zunächst die Reaktionskräfte der Kräfte, die von der Konsole auf den Bolzen wirken, angetragen, nämlich F_2 und F_2'. Diese beiden Kräfte bilden ein Moment, das durch ein weiteres Kräftepaar F_3 und F_3' an den Wandhaltern H_1 und H_2 abgestützt werden muß. Der Bolzen B liegt rechts am Wandhalter H_1 und links am Wandhalter H_2 an, weil auch er nur über Flächenpressung Kräfte übertragen kann.

c) Wandhalterung
Auch an den Wandhaltern H_1 und H_2 werden die Reaktionskräfte der Kräfte angetragen, die von der Konsole und dem Bolzen auf sie wirken. Jene sind diesen entgegengesetzt und werden von der Wandhalterung aufgenommen.

zu 6.3 Ermittlung des Lastflusses

Ausgehend vom Kraftangriffspunkt der Kraft F_1 ergibt sich ein Lastfluß zu dem Angriffspunkt von F_2. Das hat zur Folge, daß der obere Konsolenarm an der Bohrung links mit Flächenpressung und vornehmlich beidseits seitlich der Bohrung mit Zugspannung beansprucht wird.

Dieser Lastfluß setzt sich entsprechend im Bolzen B und im oberen Wandhalter H_1 fort.

Ein weiterer Lastfluß verläuft vom Angriffspunkt von F_1 zum unteren Wandhalter.

Die senkrechte Kraft stützt sich gleich mit F_1' am Wandhalter H_2 ab, während die waagrechte Kraft F_2' über den Bolzen B mit der Kraft F_3' am Wandhalter H_2 aufgenommen wird.

Außerdem durchzieht noch den Bolzen *B* ein Biegemoment, weil einerseits die Kräfte F_2 und F_3, andererseits die Kräfte F_2' und F_3' nicht in einer Wirkungslinie liegen. Die jeweiligen Abstände sind aber so gering, daß dieses Biegemoment hier vernachlässigt wird, weil für den Bolzen *B* damit keine kritische Beanspruchung verursacht wird. Deshalb entfällt auch der Lastfluß entlang der Bolzenachse.

zu 6.4 Ermittlung des Lastflusses innerhalb der Baueinheiten

Dieser Arbeitsschritt ist hier nicht notwendig, weil die Bauteile nicht zu Baueinheiten zusammengefaßt werden mußten.

zu 6.5 Kennzeichnung der auftretenden Spannungsarten

Am oberen Arm der Konsole *K* erzeugt die Kraft F_2 eine Zugspannung, während die Kräfte F_1' und F_2' im unteren Arm der Konsole eine Druckspannung verursachen.

An allen Bauteiltrennfugen tritt Flächenpressung auf, während der Bolzen *B* durch die jeweils benachbarten entgegengerichteten Kräfte vornehmlich auf Scherung beansprucht wird.

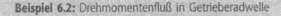

Beispiel 6.2: Drehmomentenfluß in Getrieberadwelle

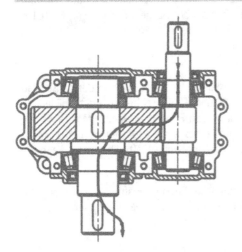

Bild 6.17. Drehmomentenfluß in zusammengefaßter Baueinheit „Getrieberadwelle"

zu 6.1 Baueinheit „Getrieberadwelle"

Die Baugruppe „Getrieberadwelle" besteht neben dem Lagerinnen- und dem Ölschleuderring aus dem Zahnrad, der Abtriebswelle und zweier Paßfedern. Diese Teile besitzen untereinander keine Freiheitsgrade, weswegen sie hier als Baueinheit „Getrieberadwelle" zusammengefaßt werden.

zu 6.2 und 6.3 Drehmomentenfluß in der zusammengefaßten Baueinheit „Getrieberadwelle"

Das Drehmoment wird vom Ritzel über die Verzahnung eingeleitet, durchzieht die gesamte Baueinheit „Getrieberadwelle" und wird am Getriebeausgangsflansch abgenommen.

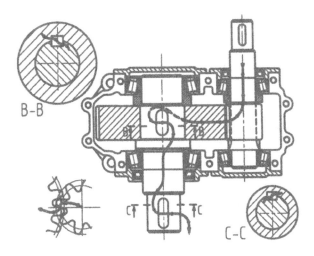

Bild 6.18. Drehmomentenfluß in aufgegliederter Baueinheit „Getrieberadwelle" (Ritzelwelle überträgt rechtsdrehendes Drehmoment auf Getrieberadwelle)

zu 6.4 Drehmomentenfluß in der aufgegliederten Baueinheit „Getrieberadwelle"

Die Baueinheit „Getrieberadwelle" wird wieder aufgelöst in die Bauteile Zahnrad, Paßfeder (zw. Zahnrad und Radwelle), Radwelle, Paßfeder (zw. Radwelle und Abtriebsflansch) und Abtriebsflansch. Alle Bauteile sind formschlüssig und reibungsarm miteinander verbunden und übertragen deshalb ihre jeweilige Umfangskraft senkrecht zu ihren Kontaktflächen, d.h. beispielsweise, daß die Paßfeder im Schnitt B–B links oben und rechts unten belastet wird, während die Paßfeder im Schnitt C–C gerade entgegengesetzt beansprucht wird.

7
Beurteilung der Bauteilsicherheit und -verformung

Wie schon in Bild 6.2 gezeigt, sind die Bauteilsicherheit und -verformung von den Lasten, der Bauteilgeometrie und den Werkstoffgrößen abhängig.

Der Lastfluß ist gut geeignet zur qualitativen Beurteilung der auftretenden inneren Lasten auch bezogen auf die davon betroffenen Querschnitte, Scher- und Auflageflächen, woraus auf die Spannungen geschlossen werden kann. Auch die Bauteilverformung ist damit abschätzbar, auch wenn diese noch von Werkstoffwerten (Elastizitätsmodul, Schubmodul) abhängt.

Nach der qualitativen Abschätzung muß eine genaue Berechnung in den als kritisch erkannten Zonen erfolgen, wobei für die Bauteilsicherheit der Vergleich mit den Grenzspannungen angestellt werden muß.

Oft sind Zug-, Druck- und Schubspannungen gegenüber Biege- und Torsionsspannungen zu vernachlässigen, weswegen besonders das Bestimmen der vorhandenen Momente von Wichtigkeit ist.

Die größten Momente treten dort auf, wo der von einer Kraft eingeleitete, ungeteilte Lastfluß den größten Abstand von deren Wirkungslinie hat (s.a. Kap. 4.6).

Oft ist es notwendig, örtlich den Lastfluß in Teillastflüsse aufzugliedern, um alle Auswirkungen zu erkennen:

Wird beispielsweise der Lastfluß umgelenkt, verdichten sich örtlich die Teillastflüsse, was eine zusätzliche Spannungserhöhung zur Folge hat (Kerbwirkung).

Aber nicht nur bei einer Umlenkung des gesamten Lastflusses entsteht eine Spannungserhöhung, sondern auch bei einer Querschnittsverengung.

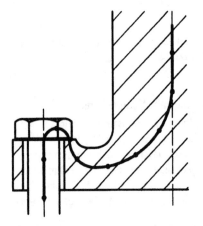

Bild 6.19. Lastfluß in Befestigungsflansch

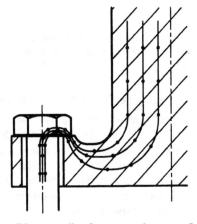

Bild 6.20. Teillastflüsse in Befestigungsflansch

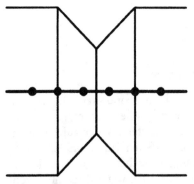

Bild 6.21. Lastfluß in Welle

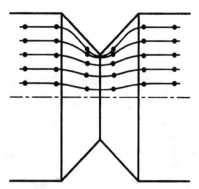

Bild 6.22. Teillastflüsse in Welle

Nachstehend wird gezeigt, wie durch eine Aufgliederung in Teillastflüsse ein örtliches Verformungsproblem erkannt werden kann:

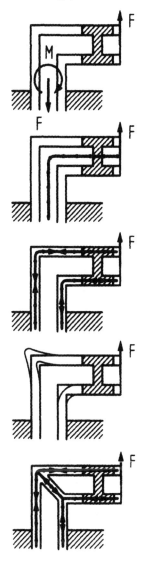

Eine Detailbetrachtung an der Trägerecke, bei der das Lastmoment äquivalent in zwei in den Gurten wirkende Kräfte zerlegt wird, macht deutlich, daß die äußeren Gurte in Folge der resultierenden Druckkräfte nach außen, die inneren Gurte durch die resultierenden Zugkräfte nach innen verformt werden. Diese Verformungen erhöhen die Beanspruchung im Mittelsteg und vermindern die Gesamtsteifigkeit. Abhilfe läßt sich dadurch erreichen, daß die äußere gegen die innere Ecke durch einen Zusatzsteg abgestützt wird. Dieser Steg wird auf Zug beansprucht und mindert ganz wesentlich die angesprochenen Nachteile.

Dieses Beispiel zeigt, wie eine Detailbetrachtung zu einer beanspruchungsgerechten Lösung führt.

Bild 6.23. Abknickender Doppel-T-Träger

Die Schraube *S* verspannt mit ihrer Mutter *M* die beiden Flansche Fl_1 und Fl_2 (Lastfluß *I*). Als Sicherung gegenüber Lösen wird die Mutter *M* mit einer Kontermutter *K* verspannt (Lastfluß II).

Beim Kontern der beiden Muttern (Lastfluß II) wird die Schraube in diesem Bereich gedehnt und die Muttern gegenseitig aneinander gedrückt. Das hat zur Folge, daß sich bei starkem Kontern die obere Mutter mit ihrer obenliegenden Flanke am Schraubengewinde abstützt.

Der Hauptlastfluß (Verspannung der Flansche; Lastfluß I) bedingt ebenfalls eine Dehnung der Schraube, weswegen dieser dann nur über die untenliegende Flanke einer Mutter in diese eingeleitet werden kann.

Durch die untenliegende Mutter laufen folglich beide Lastflüsse I+II. Die untenliegende Mutter hat die Summe beider Lastflüsse zu ertragen. Deswegen muß sich unten die hoch belastbare Mutter *M* und darüber die meist schmalere, deshalb nicht so hoch belastbare Kontermutter *K* befinden, nicht umgekehrt.

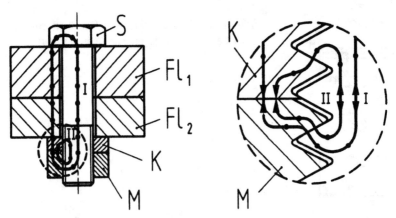

Bild 6.24. Lastfluß in Schraube mit Kontermutter

Anmerkung: Bei hochfesten Schraubverbindungen ist die Vorspannung der Mutter *M* allein, also ohne Verwendung einer Kontermutter *K*, die beste Schraubensicherung. Kontermuttern wird man nur verwenden, wenn die zu verschraubenden Teile (hier Fl_1 und Fl_2) eine hohe Vorspannung nicht zulassen.

8
Beanspruchungsgerechte Auslegung

8.1
Anzustrebender Lastfluß

Der Lastfluß beeinflußt nicht nur ganz wesentlich die Dimensionierung, sondern auch die Funktion. Oft bedingt die Herstell-, Montierbarkeit, aber auch
die Wartungsmöglichkeit einen bestimmten Lastflußverlauf. Meist aber soll
der Lastfluß entweder den kürzesten Weg oder einen funktionsbedingt ge-
wollten Umweg nehmen. Im Wesentlichen sind dafür drei Anforderungen zu
unterscheiden:

8.1.1
Optimierung auf geringen Bauaufwand ohne beabsichtigte Elastizität

Oft wird ein Minimum an Herstellkosten, Gewicht und Bauvolumen angestrebt. Wenn dabei die Beanspruchung die Abmessung bestimmt, sollte der
Lastfluß möglichst direkt geleitet, die Querschnitte beanspruchungsgerecht gestaltet und so bemessen werden, daß möglichst überall die zulässigen Festig-
keitswerte erreicht werden.

8.1.2
Optimierung auf Steifigkeit

Wird eine bestimmte Steifigkeit gefordert (z.B. bei Werkzeugmaschinen), so
sollte auch hier der Lastfluß möglichst direkt geführt und die Querschnitte
beanspruchungsgerecht ausgelegt werden. Die Dimensionierung der Querschnitte aber kann sich meist nicht an den Festigkeitswerten orientieren, sondern muß sich nach der geforderten Steifigkeit richten. Von Vorteil sind hierfür Materialien mit großem E-Modul.

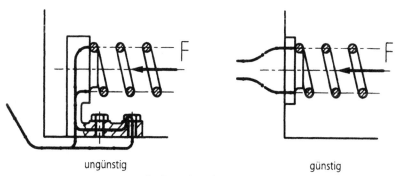

ungünstig   günstig

für Bauaufwand und Steifigkeit

Bild 6.25. Federkraftabstützung

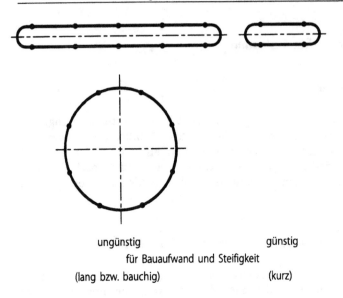

ungünstig   günstig
für Bauaufwand und Steifigkeit
(lang bzw. bauchig)   (kurz)

Bild 6.26. geschlossene Lastflüsse

8.1.3
Optimierung auf Elastizität

Gewisse Verformungen sind oft anzustreben, um beispielsweise Belastungs-
spitzen abzubauen (z.B. elastische Kupplung), Längendifferenzen auszugleichen und Meßwege zu erzeugen.

Desweiteren sind manchmal innere Kräfte funktionell notwendig (z.B. Kegelrollenlager, Dehnschraube, Dichtung, Klemmvorrichtung), die durch Verspannung erzeugt und während des Betriebes trotz des Setzverhaltens und
anderer Längenänderungen der Bauteile nicht unter einen Mindestwert absin-
ken dürfen. Auch diese Forderung setzt eine bestimmte Bauteilverformung
voraus.

Sollen solche Federwege erzeugt werden, so ist neben einem langen ein
„bauchiger" Lastfluß empfehlenswert, ein Lastfluß, der von der Krafteinwir-
kungslinie deutlich abweicht und so Biege- und/oder Torsionsspannungen verursacht. Die Verformungswege werden hierbei durch die Hebelwege i.allg.
wesentlich vergrößert. Materialien, die hohe Dehnungen zulassen (z.B. hochfeste Stähle) sind hierzu vorzuziehen. Die Dimensionierung der Querschnitte
erfolgt sinnvoll an der zulässigen Beanspruchungsgrenze.

Dehnschraube Klemmvorrichtung Tellerfeder Schraubenfeder

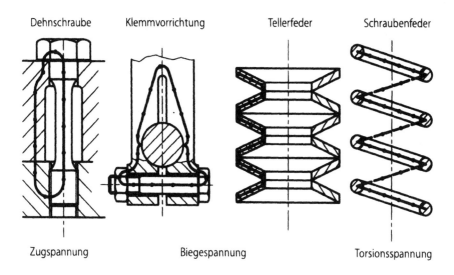

Zugspannung Biegespannung Torsionsspannung

Bild 6.27. Beispiele zur Erzielung beabsichtigter Verformungen

8.2
Beanspruchungsgerechte Querschnitte

8.2.1
Querschnittsform

Neben dem Lastfluß bestimmt vor allem die Querschnittsform bei gegebenem Material das für eine Beanspruchung notwendige Materialvolumen. Anzustreben ist eine möglichst gleichmäßige Spannungsverteilung, um die Materialeigenschaften auch optimal zu nutzen.

Bei Zug-, Druck- und Schubspannungen ist diese Forderung relativ einfach zu verwirklichen, weil hier i.allg. von einer gleichmäßigen Verteilung auszugehen ist. Trotzdem ist bei Zug- und Schubspannungen die Querschnittsfläche möglichst in einem engen Bereich zu konzentrieren, um Randspannungsüberhöhungen zu vermeiden, und bei der Druckspannung ist eine mögliche Knickgefahr zu berücksichtigen.

Schwieriger ist eine Gleichmäßigkeit der Spannungen beim Auftreten von Biege- und Torsionsspannungen zu erreichen. Diese wachsen ausgehend von spannungslosen Querschnittsachsen (neutrale Faser) proportional mit dem dazugehörigen Abstand. Deshalb sind diesbezüglich Querschnitte anzustreben, deren Volumenelemente weitgehend einen konstanten Abstand von der neutralen Faser haben, während in deren Nähe möglichst wenig Material konzentriert ist.

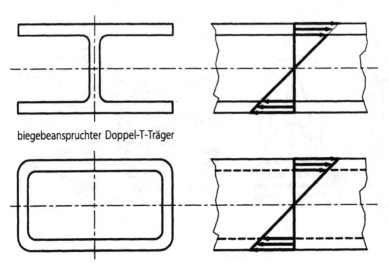

biegebeanspruchter Doppel-T-Träger

biegebeanspruchter Kastenträger (rechteckiges Hohlprofil)

torsionsbeanspruchtes Rohr

Bild 6.28. Günstige Querschnittsformen für Biege- und Torsionsspannungen

	Biegung		Druck	Torsion	Zug Schub
	um horizontale Achse	in beliebiger Richtung	(Knickung)		
günstige Querschnitts-form	I	O	O	O	⊘
ungünstige Querschnitts-form	▭	▭	▭	I	I

Bild 6.29. Günstige und ungünstige Querschnittsformen für bestimmte Beanspruchungen

8.2.2
Querschnittsgröße

Nicht immer kann die Querschnittsgröße beanspruchungsgerecht dimensioniert werden. Oft bestimmen Herstellverfahren gewisse Querschnittsdimensionen:

Beispiele:
Beim Gießen sind gewisse Mindestwandstärken einzuhalten, um das ungehinderte Fließen des Materials beim Gießvorgang zu ermöglichen.

In Schweißkonstruktionen werden oft sinnvollerweise Normprofile verwandt, deren Querschnitt über ihre Länge somit zwangsläufig gleich bleiben muß, auch wenn sich darüber die Belastung ändert.

Oft bedingen auch Anschlußstellen zu anderen Bauteilen einen baulichen Aufwand, der durch die Beanspruchung allein nicht gerechtfertigt ist.

Wird die Querschnittsgröße jedoch bezüglich der Beanspruchung nicht fremdbestimmt, so ist die Dimensionierung der Belastung so anzupassen, daß das Bauteil in etwa gleichgroße Spannungen durchziehen. Damit können nicht nur die Festigkeiten gut genutzt werden, sondern auch die Steifigkeit erreicht im Verhältnis zum Materialeinsatz günstige Werte.

Der quantitative Verlauf des Lastflusses muß sich folglich in der Dimensionierung erkennen lassen (s. Bild 6.1).

8.3
Werkstoffwahl

Die Werkstoffwahl ist unter vielerlei Gesichtspunkten vorzunehmen. Die Bauteilfunktion (z.B. Korrosions-, Wärmebeständigkeit), die Herstellbarkeit (z.B. Schweiß-, Gieß-, Spanbarkeit) und die Montierbarkeit (z.B. Clipsbarkeit) sind zu berücksichtigen.

Im Rahmen der beanspruchungsgerechten Auslegung wird hier beispielhaft eine werkstoffabhängige Optimierung des Bauteilvolumens, -gewichtes und der Materialkosten behandelt, wobei bestimmte Forderungen bezüglich der Beanspruchung gestellt werden.

Aufgabe:

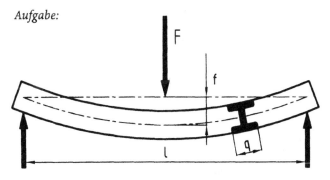

Bild 6.30. auf Biegung beanspruchter Träger

Gegeben ist ein auf Biegung beanspruchter Träger, der mit der äußeren Kraft F belastet ist und die Länge l besitzt. Für verschiedene Forderungen soll aus den folgenden drei Werkstoffen jeweils der günstigste ausgewählt werden:

		Baustahl St 37	Vergütungsstahl 30CrNiMo8	Al-Legierung AlMg3F25
Fließgrenze Re	(N/mm²)	235	1030	180
E-Modul E	(N/mm²)	210 000	210 000	70 000
Dichte ρ	(kg/dm³)	7,9	7,9	2,7
rel. Werkst.Kosten k		$k = 1$	$k = 2,7$	$k = 3,4$
(Kosten/Volumen)		(Basis)		

Der Trägerquerschnitt (charakteristische Länge q; Trägheitsmoment I) wird jeweils geometrisch ähnlich an die Gegebenheiten angepaßt.

Trägerlänge	$l = $ const.
Trägervolumen	$V \sim l \cdot q^2 \sim q^2$
Trägheitsmoment	$I \sim q^4$
Durchbiegung	$f \sim (F \cdot l^3)/(E \cdot I) \sim F/(E \cdot I) \sim F/(E \cdot q^4)$
Steifigkeit	$F/f \sim E \cdot q^4$
Trägermasse	$M = V \cdot \rho \sim q^2 \cdot \rho$
Trägermaterialkosten	$K = k \cdot V \sim k \cdot q^2$
Biegespannung	$\sigma_b = M_b/W_b \sim (F \cdot l)/q^3 \sim F/q^3$
Federarbeitsvermögen	A_v

I. $\qquad A_v = (F \cdot f)/2$

$\qquad\qquad \sigma_b = Re$

II. $\qquad\qquad\qquad\qquad\Big\}\ F \sim q^3 \cdot Re$

$\qquad\qquad \sigma_b \sim F/q^3$

III. $\qquad F/f \sim E \cdot q^4;\quad f/E \sim 1/(E \cdot q^4)$

II und III in I:

Ia. $\qquad A_v = (F \cdot f)/2 \sim F \cdot f$

$\qquad\quad = F^2 \cdot (f/F) \sim (q^6 \cdot Re^2)/(E \cdot q^4)$

$\qquad\quad = Re^2 \cdot q^2/E$

1. *Forderung:*

Minimales Trägervolumen bei gleicher Steifigkeit (d.h. $F/f = $ const.)

I. $\qquad V \sim l \cdot q^2 \sim q^2$

II. $\qquad F/f \sim E \cdot q^4 = $ const.; $\quad q^4 \sim 1/E; q^2 \sim 1/\sqrt{E}$

II in I: $\qquad V \sim 1/\sqrt{E}$

St 37 $\qquad V \sim 1/\sqrt{E} = 1/\sqrt{210\,000} = 0,0022$ (100%)

30CrNiMo8 $\quad = 0,0022$ (100%)

AlMg3F25 $\quad = 0,0038$ (170%)

Ergebnis: Das Trägervolumen ist ausschließlich vom jeweiligen E-Modul abhängig. Die Stähle sind dabei günstiger als die Al-Legierung.

2. Forderung:

Minimale Trägermasse bei gleicher Steifigkeit (d.h. $F/f = $ const.)

I. $\qquad M \sim q^2 \cdot \rho$

II. $\qquad F/f \sim E \cdot q^4 = $ const.; $\quad q^4 \sim 1/E$; $\quad q^2 \sim 1/\sqrt{E}$

II in I: $\qquad M \sim \rho/\sqrt{E}$

St 37 $\qquad M \sim \rho/\sqrt{E} = 7,9/\sqrt{210\ 000} = 0.0172\ (170\%)$

30CrNiMo8 $\qquad = 0,0172\ (170\%)$

AlMg3F25 $\qquad = 2,7/\sqrt{70\ 000} = 0,0102\ (100\%)$

Ergebnis: Die Trägermasse ist vom E-Modul und der Dichte abhängig. Die Al-Legierung ergibt trotz des kleineren E-Moduls eine deutlich geringere Masse.

3. Forderung:

Minimale Trägermaterialkosten bei gleicher Steifigkeit (d.h. $F/f = $ const.).

I. $\qquad K = k \cdot V \sim k \cdot q^2$

II. $\qquad F/f \sim E \cdot q^4 = $ const.; $\quad q^4 \sim 1/E$; $\quad q^2 \sim 1/\sqrt{E}$

II in I: $\qquad K \sim k/\sqrt{E}$

St 37 $\qquad k/\sqrt{E} = 1/\sqrt{210\ 000} = 0,0022\ (100\%)$

30CrNiMo8 $\qquad = 2,7/\sqrt{210\ 000} = 0,0059\ (270\%)$

AlMg3F25 $\qquad = 3,4/\sqrt{70\ 000} = 0,0129\ (590\%)$

Ergebnis: Die Materialkosten sind abhängig von den relativen Werkstoffkosten und dem E-Modul. St 37 ist der eindeutig preiswerteste Werkstoff.

4. Forderung:

Minimales Trägervolumen für bestimmte Kraft F bei voller Inanspruchnahme der statischen Festigkeit ($F = $ const.; $\sigma_b = Re$)

I. $\qquad V \sim l \cdot q^2 \sim q^2$

II. $\qquad \sigma_b \sim F/q^3 \sim 1/q^3 \sim Re$; $\quad q \sim 1/\sqrt[3]{Re}$

II in I: $\qquad V \sim Re^{-2/3}$

St 37 $\qquad Re^{-2/3} = 235^{-2/3} = 0,0263\ (270\%)$

30CrNiMo8 $\qquad = 0,0098\ (100\%)$

AlMg3F25 $\qquad = 0,0314\ (320\%)$

Ergebnis: Das Trägervolumen ist nur abhängig von der Fließgrenze. Damit ist der Vergütungsstahl weitaus am günstigsten.

5. Forderung:

Minimale Trägermasse für bestimmte Kraft F bei voller Inanspruchnahme der statischen Festigkeit ($F = $ const.; $\sigma_b = Re$)

I. $\qquad M = V \cdot \rho \sim q^2 \cdot \rho$

II. $\qquad \sigma_b \sim F/q^3 \sim 1/q^3 \sim Re$; $\quad q \sim 1/\sqrt[3]{Re}$

II in I: $\qquad M \sim \rho/Re^{2/3}$

St 37 $\rho/Re^{2/3} = 7,9 \cdot 0,0263 = 0,208 \; (270\%)$

30CrNiMo8 $= 7,9 \cdot 0,0098 = 0,077 \; (100\%)$

AlMg3F25 $= 3,4 \cdot 0,0314 = 0,107 \; (140\%)$

Ergebnis: Die Trägermasse hängt ab von der Dichte und der Fließgrenze. Auch hier ist der Vergütungsstahl am günstigsten.

6. Forderung:

Minimale Trägermaterialkosten für bestimmte Kraft F bei voller Inanspruchnahme der statischen Festigkeit ($F = \text{const.}; \sigma_b = Re$).

I. $K = k \cdot V \sim k \cdot q^2$

II. $\sigma_b \sim F/q^3 \sim 1/q^3 \sim Re; \quad q \sim 1/\sqrt[3]{Re}$

II in I: $K \sim k/Re^{2/3}$

St 37 $k/Re^{2/3} = 1 \cdot 0,0263 = 0,0263 \; (100\%)$

30CrNiMo8 $= 2,7 \cdot 0,0098 = 0,0265 \; (100\%)$

AlMg3F25 $= 3,4 \cdot 0,0314 = 0,1068 \; (410\%)$

Ergebnis: Die Trägermaterialkosten hängen von den relativen Materialkosten und der Fließgrenze ab. Die beiden Stähle erreichen fast identisch die gleichen Kosten, während die Al-Legierung deutlich teurer ist.

7. Forderung:

Minimales Trägervolumen bei gegebenem Federarbeitsvermögen ($A_v = \text{const.}$)

I. $V \sim l \cdot q^2 \sim q^2$

II. $A_v \sim Re^2 \cdot q^2/E = \text{const.}; \quad q^2 \sim E/Re^2$

II in I: $V \sim E/Re^2$

St 37 $E/Re^2 = 210\,000/2352 = 3,8 \; (1900\%)$

30CrNiMo8 $= 210\,000/10502 = 0,2 \; (100\%)$

AlMg3F25 $= 70\,000/1802 = 2,16 \; (1100\%)$

Ergebnis: Das Trägervolumen hängt vom E-Modul und der Fließgrenze ab. Der Vergütungsstahl hat eindeutig das geringere Volumen, weswegen Federn i.allg. aus hochfestem Stahl gefertigt werden.

8. Forderung:

Minimale Trägermasse bei gegebenem Federarbeitsvermögen ($A_v = \text{const.}$)

I. $M = V \cdot \rho \sim q^2 \cdot \rho$

II. $A_v \sim Re^2 \cdot q^2/E = \text{const.}; \quad q^2 \sim E/Re^2$

II in I: $M \sim E \cdot \rho/Re^2$

St 37 $E \cdot \rho/Re^2 = 210\,000 \cdot 7,9/235^2 = 30,0 \; (1900\%)$

30CrNiMo8 $= 1,6 \; (100\%)$

AlMg3F25 $= 7,3 \; (460\%)$

Ergebnis: Die Trägermasse hängt vom E-Modul, der Fließgrenze und der Dichte ab. Auch gegenüber der relativ leichten Al-Legierung hat der Vergütungsstahl bei gleichem Federarbeitsvermögen die weitaus geringere Masse.

9. Forderung:

Minimale Trägermaterialkosten bei gegebenem Federarbeitsvermögen ($A_v =$ const.)

I. $\quad K = k \cdot V \sim k \cdot q^2$

II. $\quad A_v \sim Re^2 \cdot q^2/E =$ const.; $\quad q^2 \sim E/Re^2$

II in I: $\quad K \sim k \cdot E/Re^2$

St 37 $\quad\quad k \cdot E/Re^2 = 1 \cdot 3,8 = 3,8 \ (700\%)$

30CrNiMo8 $\quad = 2,7 \cdot 0,20 = 0,54 \ (100\%)$

AlMg3F25 $\quad = 3,4 \cdot 2,16 = 7,34 \ (1360\%)$

Ergebnis: Die Trägermaterialkosten hängen von den relativen Materialkosten, dem E-Modul und der Fließgrenze ab. Auch kostenmäßig ist der Vergütungsstahl am günstigsten.

Gesamtergebnis: Tabelle des günstigsten der drei Werkstoffe:

Optimierung auf …	Kriterien		
	bei gleicher Steifigkeit	bei voller Inanspruchnahme der statischen Festigkeit	bei gleichem Federarb.verm.
geringstes Bauvolumen	St 37 30CrNiMo8	30CrNiMo8	30CrNiMo8
geringste Masse	AlMg3F25	30CrNiMo8	30CrNiMo8
geringste Kosten	St 37	St 37 30CrNiMo8	30CrNiMo8

Die Stähle sind für den Maschinenbauer nach wie vor ein vorzügliches Material. Der Baustahl St 37 ist empfehlenswert, wenn das Bauteil möglichst steif und kostengünstig sein soll. Bei höchster festigkeitsmäßiger Auslastung und/oder der Notwendigkeit von Federungseigenschaften sind hochfeste Vergütungsstähle empfehlenswert. Die Verwendung der Al-Legierung ist mit vorstehenden Kriterien nur ratsam, wenn für eine bestimmte Steifigkeit das Bauteil sehr leicht sein soll, auch wenn es mehr kostet (z.B. für Flugzeuge, teilweise auch für Automobile).

8.4
Auslegungsgrundsätze

8.4.1 Sofern sich ein Bauteil im statisch bestimmten Zustand befindet, lassen sich die Auflagerreaktionen eindeutig allein durch das Kräfte- und Momentengleichgewichtsgesetz ermitteln.

Statisch unbestimmte Systeme ergeben Auflagerreaktionen, die von der Bauteilsteifigkeit und Fertigungsgenauigkeit abhängen, also schwer vorhersehbar sind. Läßt sich ein solches System nicht vermeiden, so sind statische Lastannahmen zu treffen, die den tatsächlich ungünstigsten Fall einschließen, was oft zu einer gewissen Überdimensionierung führt.

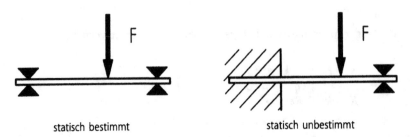

statisch bestimmt   statisch unbestimmt

Bild 6.31. Belastungsarten

8.4.2 Kräfte sollen möglichst großflächig eingeleitet werden, um hohe Flächen-
pressungen zu vermeiden.

8.4.3 Lastflüsse sollten möglichst nicht scharf abgeknickt oder umgeleitet werden, weil jede Umlenkung und jeder Steifigkeitssprung eine Bündelung
der Lastlinien und somit eine Erhöhung der Spannungen verursacht
(Kerbspannungen) (Bilder 6.19–6.22).

8.5
Wahl der Bauteilsicherheit

Als Bauteilsicherheit ν versteht man das Verhältnis der Grenzspannung σ_{grenz},
bei der ein Schaden zu erwarten ist, zur im Betrieb auftretenden Spannung σ:

$$\nu = \sigma_{grenz}/\sigma$$

Die Wahl dieser Sicherheit ist von großer Bedeutung.

Wird die Sicherheit zu gering gewählt, gibt es Probleme beim Kunden. Re-
paraturen und Nachbesserungen sind die Folge. Maschinenstillstandszeiten
sorgen für zusätzlichen Ärger, ganz zu schweigen von der eventuellen Gefahr
für die Gesundheit und das Leben von Menschen.

Wird aber die Sicherheit zu groß gewählt, sind damit oft die Herstellkosten, das Gewicht und das Bauvolumen unnötig groß, was auch zusätzliche
Betriebskosten zur Folge haben kann.

Bei der heutigen Weltmarktkonkurrenz können sich meist nur noch die
Produkte durchsetzen, die für die vorgesehene Maschinenlebensdauer bezüglich der Bauteilsicherheit gerade richtig ausgelegt sind. Das zu verwirklichen
ist aber äußerst schwierig, weil sowohl die Grenzspannung σ_{grenz} als auch die
im Betrieb auftretende Spannung σ nur schwer einigermaßen genau ermittel-
bar sind. Einerseits beinhalten die Grenzspannungen σ_{grenz} nicht nur die un-
vermeidbaren Materialtoleranzen sondern vor allem die mit großer Unsicher-
heit vorhersehbaren Kerbminderungen. Andererseits ist bezüglich der auftretenden Spannungen schwer abschätzbar wie der Kunde die Maschine beansprucht. Besser ist dies möglich, wenn der Betreiber ein Fachmann ist (z.B.
bei Werkzeugmaschinen), schlechter wenn er meist ein technischer Laie ist
(z.B. bei Personenkraftwagen, Haushaltsmaschinen). Auch die Fertigungsgenauigkeit beeinflußt die im Betrieb auftretende Spannung.

Bei vollkommen neuen Entwicklungen, für die dem Konstrukteur der festigkeitsmäßige Erfahrungshintergrund fehlt, ist eine Auslegung nur auf theoretischer Grundlage möglich. Dafür muß die Sicherheit eher größer vorgegeben werden.

Wenn es die Wirtschaftlichkeit erlaubt (z.B. für größere Fertigungsstückzahlen) und versuchstechnische Voraussetzungen bestehen, kann die Auslegung durch Versuche überprüft werden. Die Kundenbeanspruchung und Zeitraffermaßnahmen, um die Maschinenlebensdauer in kurzen Versuchszeiten zu simulieren (z.B. durch höhere Versuchslasten), müssen dabei in den Versuchsbedingungen berücksichtigt werden. Sinnvolle Versuchsergebnisse ergeben sich aber nur, wenn gegebenenfalls mit entsprechender Überlast auch die Schadensgrenze erreicht wird. Ansonsten ist die Bauteilsicherheit aus den Versuchen nicht erkennbar. Deshalb sind die zu untersuchenden Bauteile für den Versuch zwar realistisch aber i.allg. nicht zu großzügig zu dimensionieren.

Bessere Möglichkeiten zur Bestimmung der Bauteilsicherheit hat die Konstruktion bei Anpassungskonstruktionen. Hierbei laufen meist mehrere ähnliche Maschinen bei den Kunden. Bei Wartungs-, Reparaturarbeiten oder der Ausrangierung von Maschinen kann durch Bauteilanalyse die Bauteilsicherheit oft gut abgeschätzt werden, wenn die Einsatzbedingungen beim Kunden (vor allem Beanspruchung und Beanspruchungszeit) in etwa bekannt sind, weil sich Dauerschäden (z.B. Grübchenbildung an Oberflächen, Rißbildung, Verschleiß) oft über eine lange Laufzeit hin ankündigen und über die noch bevorstehende Lebensdauer Auskunft geben. In diesen Fällen ist eine Nachrechnung lohnend, die dann eine gute und preiswerte Basis für die modifizierte Auslegung der Anpassungskonstruktion darstellt.

Grundsätzlich sollten alle Bauteile auf die Lebensdauer der Maschine ausgelegt, also diesbezüglich nicht überdimensioniert sein. Können einige Bauteile diese Lebensdauer mit sinnvollem Aufwand nicht erreichen (z.B. Verschleißteile), so ist deren Lebensdauer möglichst so aufeinander abzustimmen, daß sie bei gemeinsamen Wartungsarbeiten auszuwechseln sind.

Natürlich entscheiden auch die möglichen Folgen einer Überschreitung der Grenzspannung über die Höhe der Bauteilsicherheit. Sind Menschenleben in Gefahr, ist diese sehr hoch vorzugeben. Sind Folgen untergeordnet (z.B. geringer Komfortverlust) ist die Bauteilsicherheit kaum größer als 1 anzusetzen.

1
Einführung

Einzelteilzeichnungen sind erst erstellbar, wenn das Zusammenwirken der Bauteile mit den Nachbarteilen bekannt ist. Hierfür sind nicht nur die Anschlußmaße samt ihrer Tolerierung von Bedeutung, sondern auch der quantitative Verlauf des Lastflusses, die Werkstoffwahl, die Montierbarkeit sowohl in der Baugruppe als auch in der Endmontage und die Zugänglichkeit bei Wartungsarbeiten.

Das bauliche Zusammenwirken aller Bauteile im Betriebszustand wird dargestellt im Entwurf.

Beispiel 7.1: Stirnrad-Getriebe dargestellt in 3 Schnitten

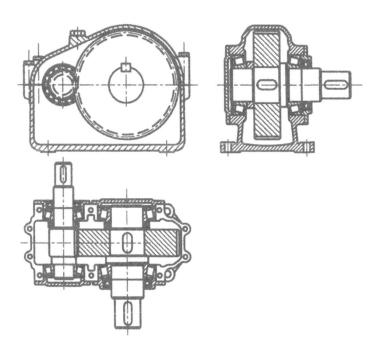

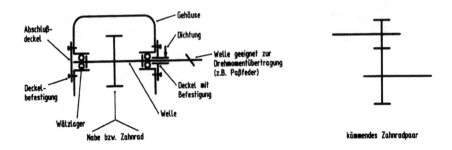

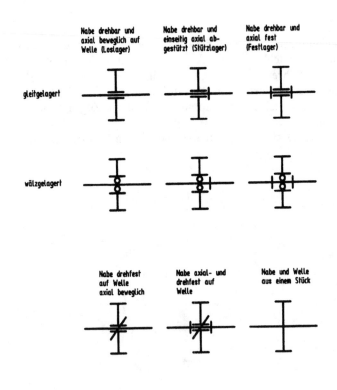

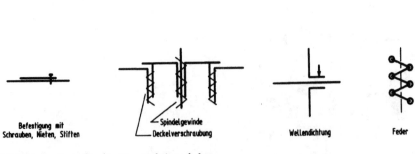

Bild 7.1. Symbole für das Konstruktionsskelett

2
Voraussetzung für eine Entwurfserstellung

Bevor ein Entwurf erstellt werden kann, muß festgelegt sein, nach welchem Prinzip die Anforderungen an das Produkt erfüllt werden (Lösungsprinzip) und in welcher Struktur die notwendigen Bauteile bzw. -gruppen miteinander in Verbindung stehen (Gesamtwirkstruktur). Diese Festlegungen finden Ausdruck in dem Konstruktionsskelett (Bauteilflächen und -querschnitte werden hierin i.allg. vereinfacht eindimensional durch Striche dargestellt).

Beispiel 7.2: Konstruktionsskelett eines einstufigen Getriebes (Symbolerklärungen s. Bild 7.1)

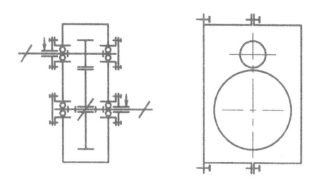

Gedanken über den Verlauf des Lastflusses, die Montier- und Herstellbarkeit, auch über die Wahl des Werkstoffes müssen darin ihren Ausdruck gefunden haben.

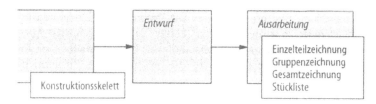

Bild 7.2. Konstruktionsablauf

3
Beschreibung eines Entwurfes

Im Entwurf sollen alle Bauteile möglichst vollständig festgelegt sein. Eine Bemaßung erfolgt darin aber i.allg. nicht.

Für die sich daran anschließende Detaillierung entnimmt der Detailkonstrukteur bzw. der Technische Zeichner die Maße maßstäblich aus dem Entwurf. Gestalterische Freiheitsgrade sollten darin kaum mehr enthalten sein.

Der Entwurf muß folglich alle Bauteile in ihren gesamten Dimensionen maßstäblich (wenn möglich, M 1:1) mit hoher Zeichengenauigkeit zeigen.

Ausgehend vom Konstruktionsskelett muß der Entwurfskonstrukteur viele komplexe Gedankengänge anstellen, oft wieder zugunsten anderer verwerfen bis er den besten Kompromiß für die gedankliche Erstellung eines u.a. funktions-, herstellungs-, montage- und beanspruchungsgerechten Produktes erreicht hat. Jeder Lösungsgedanke muß an allen diesen Kriterien überprüft werden, wodurch er meist mehrfach verändert wird bis die beste Lösung gefunden ist.

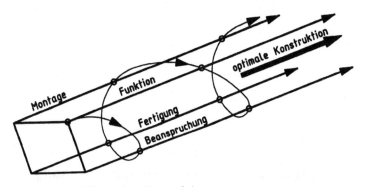

Bild 7.3. Entwicklung einer Konstruktion

Immer muß der Entwurfskonstrukteur hierzu sein räumliches Vorstellungsvermögen bemühen, und oft arbeitet er zur Darstellung aller Dimensionen zunächst gleichzeitig in zwei Schnitten (Längs- und Querschnitt). Auch wenn diese beiden Darstellungen keine Vollständigkeit bieten, erlauben sie im ersten Schritt meist eine Konzentration auf die wesentlichsten Zusammenhänge.

Ergänzungen – z.B. Freigangsuntersuchungen an bestimmten Stellen – müssen oft diesen Hauptdarstellungen folgen.

Mit dem Entwurf legt der Entwurfskonstrukteur nicht nur die Einzelteile zeichnerisch fest, sondern im wesentlichen auch deren Herstellung, Montage und Wartungsmöglichkeit. Der Entwurfskonstrukteur hat damit eine sehr große Verantwortung. Die Notwendigkeit zum Schließen von Kompromissen rückt ihn ins Spannungsfeld von unterschiedlichen Interessen. Bestimmte Lösungsmöglichkeiten können beispielsweise Vorteile für die Funktion, gleichzeitig aber Nachteile für die Fertigung bringen. Der Konstrukteur muß folglich seine Entscheidungen sehr reiflich überlegen, mit den betroffenen Stellen absprechen und abwägen, weil sehr weitreichende Folgen daraus erwachsen.

4
Entstehung eines Entwurfes

4.1
Konkretisierungsfolge

4.1.1
Allgemeines

Die Situation, vor einem leeren Zeichenpapier oder einem leeren Bildschirm zu sitzen und ein Produkt entwerfen zu sollen, das nach vielen Gesichtspunkten optimiert sein muß, ist zumindest für einen Weniggeübten nicht sehr ermutigend. Viele Dinge beeinflussen sich gegenseitig und deshalb ist jede zeichnerische Aussage in Gefahr, laufend wegen anderer Bedingungen korrigiert werden zu müssen.

Das Konstruktionsskelett als Ausgangsobjekt ist bezüglich seiner Aussagekraft meist zu weit vom abgeschlossenen Entwurf entfernt. Zu viele Gedankengänge wären dazu in einem Schritt zu fassen, wenn der Entwurf auf direktem Weg entstehen sollte.

Deshalb wird der Entwurf schrittweise konkretisiert. Wie eine Landschaft beim Zurückweichen des Nebels erkennbar wird, wird der Entwurf ausgehend von einer Ungefährzeichnung immer weiter präzisiert.

4.1.2
Freihandskizze

Der erste Schritt in Richtung Quantifizierung und Ausgestaltung des Konstruktionsskelettes ist in der Regel die vorläufige Berechnung. Diese kann die Festigkeit, aber auch andere die Funktion sicherstellende Größen betreffen. Mit den damit gewonnenen Werten erfolgt die erste Darstellung. Sie muß schnell erfolgen und sich auf das Wesentliche beschränken, damit einerseits die einsetzbare Konzentration ausreicht und andererseits notwendige Korrekturen nur einen beschränkten Arbeitsaufwand verursachen.

Die erste Darstellung wird folglich als eine möglichst maßstäbliche Freihandskizze verwirklicht, was voraussetzt, daß wesentliche Festigkeits- und Funktionsberechnungen schon allein unter Zuhilfenahme des Konstruktionsskelettes erfolgt sind.

In der Freihandskizze müssen nicht nur die Bauteile, die die Funktion und den Lastfluß sicherstellen, irgendwie konkretisiert werden. Ihr Zusammenwirken mit ihren Paßflächen, ihre Fertigbarkeit und Montierbarkeit muß geklärt, optimiert und durch die Darstellung festgelegt werden.

Es wird beispielsweise erkennbar, ob alle Kräfte, besonders die Momente überall übertragbar sind, ob überflüssige Dimensionen vermieden worden (möglichst kompakt bauen!), ob Bauteile günstig zu fertigen sind, ob gute Möglichkeiten zur Vormontage geschaffen worden und ob Verschleißteile für Wartungsarbeiten auch gut zugänglich sind.

Die Freihandskizze verschafft deswegen mit relativ wenig Aufwand viel Überblick über die Gesamtproblematik, vorausgesetzt sie ist in guter Zeichenqualität erstellt worden.

Beispiel 7.3: Stirnradgetriebe – Freihandskizze

Hauptansicht   Seitenansicht

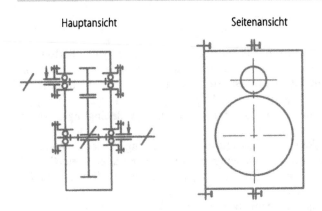

Konstruktionskelett (Basis für die Freihandskizze)

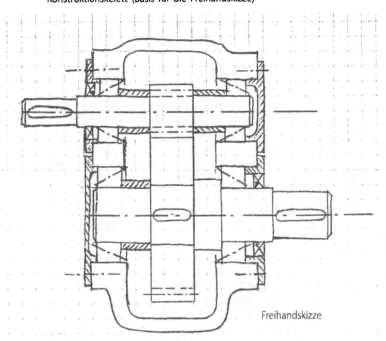

Freihandskizze

Diese Freihandskizze basiert auf dem Konstruktionsskelett und einigen Festigkeitsberechungen, nämlich der Verzahnungsauslegung und ersten Wellen- und Lagerberechnungen.

Das Wort „Freihandskizze" bedeutet nicht unbedingt, daß kein Lineal verwendet werden darf. In diesem Beispiel wurden das Zahnradpaar und die zugehörigen Mittellinien mit Lineal erstellt, weil sie den unverrückbaren Grundbaustein des künftigen Entwurfes bilden. Andererseits soll gerade das bloße Freihandzeichnen das schnelle Erstellen der Zeichnung fördern.

Weil in diesem Beispiel die Seitenansicht die Hauptansicht bezüglich der Gestaltung nur unwesentlich beeinflußt, wurde hier ausschließlich mit der Erstellung der Hauptansicht begonnen. Auch diese Vereinfachung kommt einer schnellen Erstellung zugute.

Die Verwendung von kariertem Papier erleichtert das freihändige Ziehen von senkrechten und waagrechten Linien.

Der anschließende Entwurf basiert auf dieser Freihandskizze. An neuen Erkenntnissen ist aus dieser Freihandskizze für den Entwurf vor allem zu entnehmen, daß die Lagerabstände auf beiden Wellen reduziert werden können (kleinerer Bauraum, geringeres Biegemoment, geringeres Gewicht, somit auch geringere Kosten). Außerdem ist das Gehäuse so zu gestalten, daß beide Gehäusehälften auch verschraubt werden können und dabei eine zuverlässige Dichtwirkung erreichen.

Die ersten Berechnungen bezüglich Funktion und Festigkeit sind nach Erstellung der Freihandskizze zu ergänzen und zu verfeinern. Sie liefern die Dimensionierungsdaten für den sich anschließenden Entwurf.

4.1.3
Grobentwurf – Entwurf – verbesserter Entwurf

Ob zwischen der Freihandskizze und dem eigentlichen Entwurf noch ein Grobentwurf zwischenzuschalten ist oder ob nach dem Entwurf ein weiterer verbesserter oder Alternativentwürfe anzufertigen ist bzw. sind, hängt von der Komplexität der Zusammenhänge und der Erfahrung des Konstrukteurs ab. Entscheidend ist, daß ein möglichst gutes Ergebnis mit verhältnismäßig wenig Aufwand erzielt wird.

Der Entwurf unterscheidet sich von der Freihandskizze durch seine große Zeichengenauigkeit und durch seine Verbindlichkeit auch im kleinsten Detail. Auch werden im Entwurf relativ zur Freihandskizze die Zonen korrigiert, die sich dort als ungünstig erwiesen haben. Der Entwurf sollte der besseren Vorstellung wegen möglichst im Maßstab 1:1 erstellt werden.

Das Gesamtprodukt samt seiner Komponenten muß in jeder Hinsicht optimiert sein. Die Fertigungs-, Montage-, Kundendienststellen und Zulieferer erhalten oft in Zwischenstadien Entwurfskopien, damit deren Kenntnisse, Erfahrungen und Wünsche mit einfließen (Teamarbeit bei Simultaneous Engineering). Selbstverständlich muß sein, daß die Festigkeit in allen wichtigen Bereichen überprüft wird, daß Kerbwirkungen möglichst vermindert werden, daß die rationellsten Herstellungsmethoden anwendbar sind, daß die Montage nicht nur möglich, sondern auch wirtschaftlich durchführbar ist, und daß die Montagefreiräume ausreichend sind.

Immer sollte der Entwurfskonstrukteur besonders für Großserien- und Massenprodukte bedenken, daß seine Striche durch ihre Verbindlichkeit die nachfolgenden Stellen für große Stückzahlen oft auf Jahre hinaus festlegen und die Güte und Wirtschaftlichkeit des Produktes ganz entscheidend prägen. Deshalb lohnt sich oft die Erstellung mehrerer Alternativentwürfe, um die Entscheidung für einen Entwurf abzusichern. Änderungen und Fehlerbeseitigungen in nachfolgenden Arbeitsphasen sind erheblich kostenintensiver.

4.2
Darstellungsfolge

Die Freihandskizze baut auf dem Konstruktionsskelett auf.

Das Konstruktionsskelett, in dem die Funktion, die Beanspruchbarkeit, die Fertigung und die Montage schon weitgehend abgeklärt worden sein muß, wird in der Freihandskizze maßstäblich konkretisiert. Die Fertigung und Montage wird auch hinsichtlich der einzelnen Bauteile optimiert.

Der Kenntnisgewinn zwischen der Erstellung des Konstruktionsskelettes und der maßstäblichen Freihandskizze sind die ersten Festigkeits- und Funktionswertberechnungen.

Viele Bauteile beeinflussen sich gegenseitig, und folglich ist es sinnvoll, mit der Darstellung derjenigen zu beginnen, die die Hauptfunktion[1] sicherstellen werden. Die Geometrie für die Bauteile zur Erfüllung der Hauptfunktion ist zudem meist durch Berechnungswerte vorbestimmt, so daß damit ein gestaltungssicherer Ausgangspunkt genutzt werden kann. Neben[2]- und Zusatzfunktionen[3] sollen möglichst das Produkt nur sekundär beeinflussen.

Die Berechnungen und die Freihandskizze sollten nicht getrennt nacheinander erstellt werden, sondern hand in hand erstellt werden. Das hat den Grund darin, daß die Berechnungsdaten oft abhängig sind von konstruktiven Notwendigkeiten, denn die Bauteile müssen beispielsweise nicht nur dauerfest, sondern auch fertigbar und montierbar sein. So wird in der Freihandskizze das Produkt ausgehend von den die Hauptfunktion[1] sichernden Bauteilen über die Nachbarbauteile, die den Lastfluß fortsetzen, bis hin zu denen, die die Neben[2]- und Zusatzfunktionen[3] erfüllen, Gestalt annehmen.

Ganz wichtig ist es, im Konstruktionsskelett gleich zu Beginn bauraumkritische Zonen aufzuspüren und zu untersuchen, die im Notfall ein Überdenken des gesamten Konstruktionsprinzipes notwendig machen können. Gerade die

---

[1] Hauptfunktion ist die Funktion, die die Hauptanforderung an das Produkt erfüllt, die seinem direkten Zweck dient.

[2] Nebenfunktion ist eine Funktion, die zwar nicht unmittelbar dem Zweck des Produktes dient, die sich aber zwangsläufig mittelbar aus der Hauptfunktion ergibt (z.B. Schließen des Lastflusses).

[3] Zusatzfunktion ist eine Funktion, die zur Erfüllung der Hauptfunktion zwar nicht unbedingt notwendig, aber nützlich bzw. wünschenswert ist. (s.a. Kap. Konzept 3.1.2)

im Konstruktionsskelett zu Strichen reduzierten Flächen und Querschnitte beinhalten manchmal die Gefahr, daß darin Raumprobleme nicht augenscheinlich werden. Die Flächen und Querschnitte können sich in Wirklichkeit überschneiden.

Beispiel 7.4: Getriebe mit ineinandergelagerten Wellen – bauraumkritische Zone

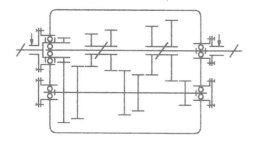

In dem abgebildeten Konstruktionsskelett ist das Eingangsritzel links oben bauraumkritisch.

Das Ritzel beinhaltet in seinem Inneren einen gelagerten Wellenzapfen. Die Lagerung wird sinnvollerweise durch Nadelkränze sichergestellt.

Die Festigkeit des Lagerzapfens, aber auch die notwendige Tragzahl des Nadellagers erfordern einen Mindestdurchmesser der Ritzelbohrung. Desweiteren ist zwischen dieser und dem Ritzel-Fußdurchmesser eine Mindestwandstärke notwendig, die bei Einsatzhärtung ein Durchhärten noch vermeidet. Der sich so ergebende Ritzelmindestdurchmesser kann wesentlich größer sein als für die Zahnfestigkeit notwendig, was dann auch zwangsweise einen zu großen Achsabstand zur Folge hat.

In diesem Fall ist das Lösungskonzept – zumindest die hohe Übersetzung in der Eingangsstufe – infragezustellen.

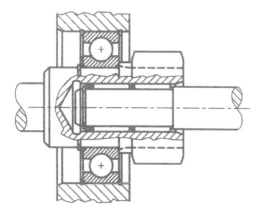

Je sorgfältiger die Freihandskizze erstellt ist, desto weniger Aufwand ist für den sich anschließenden genauen Entwurf notwendig. Freilich wird auch der erfahrene Konstrukteur nach der Erstellung der Freihandskizze erkennen müssen, daß verschiedene Abstände korrigiert, überflüssige Materialzonen vermieden, Bauteile noch wirtschaftlicher gefertigt und/oder Baugruppen einfacher montiert werden können.

Diese Erkenntnisse und weitergehende, vor allem verfeinerte Berechnungen sind die Ursache, daß sich der Entwurf dennoch hier und da merklich von der Freihandskizze unterscheiden kann.

Die empfehlenswerte Darstellungsfolge aber unterscheidet sich nicht von der der Freihandskizze.

CAD-Entwürfe haben den großen Vorteil, daß beispielsweise Norm- oder oft verwendete Bauteile aus Katalogen direkt übertragen, Bauteile oder ganze Bauteilzonen beliebig verschoben, symmetrisch geklappt oder einfach in der Größe verändert werden können. Diese Möglichkeiten fördern das freie Gestalten zunächst vollkommen unbekannter Konturen.

Beispiel 7.5: Stirnradgetriebe – Entwurf – Darstellungsfolge

Freihandskizze (Basis für den Entwurf)   Folgebilder des Entwurfes

a

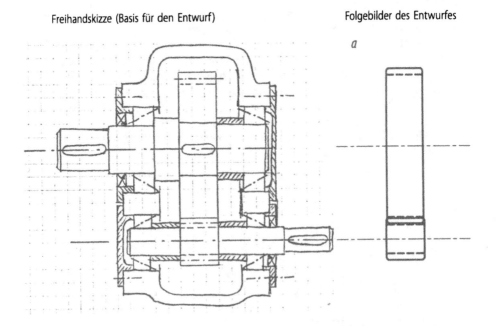

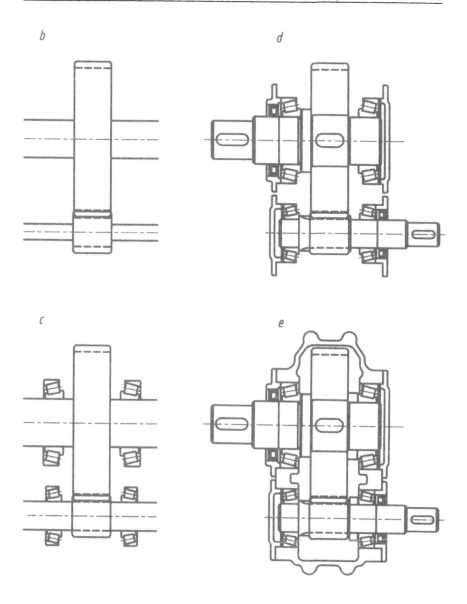

Die Freihandskizze und auch wie hier der Entwurf werden begonnen mit den Zahnrädern (Hauptfunktion: Drehzahl wandeln; Bild a), werden fortgesetzt mit den Wellen ausreichenden Durchmessers (Bild b) und schließlich ergänzt durch die Wälzlager (Bild c). Schon hier machen sich konstruktive Einschränkungen bemerkbar. Der Wellenzapfen, der Lagerinnen- und der Ritzelfußdurchmesser müssen jeweils größer sein als der vorhergehende.

Die Deckelgestaltungen (Bild d) und die Gehäuseausführung schließen sich an und stellen den Lastfluß sicher (Nebenfunktion: Lastfluß schließen; Bild e).

Beispiel 7.6: Freiflußventil – Entwurf – Darstellungsfolge

Konstruktionsskelett

Folgebilder der Entwurfes (die vorgeschaltete
Freihandskizze ist nicht dargestellt)

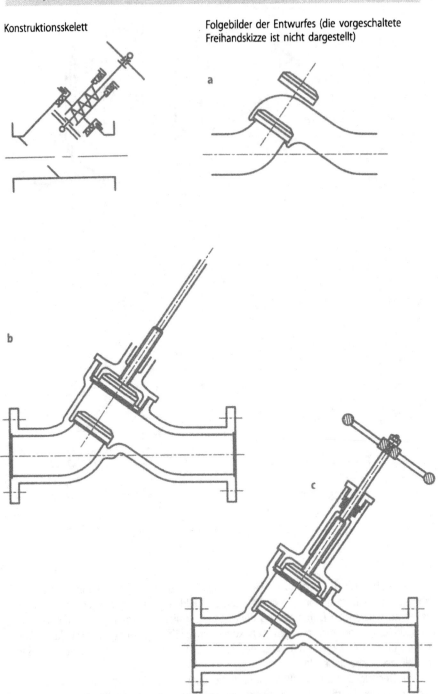

Vor Beginn des Skizzierens und Entwerfens ist der Durchflußquerschnitt, die Dichtkraft, die daraus notwendige Dichtfläche und die Spindelgeometrie zu berechnen.

Die Freihandskizze und auch wie hier der Entwurf werden begonnen mit dem Durchströmquerschnitt durch das gesamte Ventil. Die Position des Ventiltellers im geschlossenen und offenen Zustand wird als nächstes festgelegt (Hauptfunktion: Durchströmung öffnen und schließen; Bild a).

Anschließend wird der Lastfluß der Ventilbetätigung nach oben fortgesetzt mit der Spindelabstützung (Bild b) und der Drehmomenteinleitung über das Handrad einschließlich Spindeldichtung (Bild c).

Hinweis: Die Spindel- und Wellenlänge müssen jeweils den Betätigungsweg ermöglichen.

5
Überprüfung des Entwurfes

Ist der Entwurf erstellt, so muß er nochmals bezüglich der Anforderungen und allgemeinen Kriterien überprüft werden:

1. *Ist die Konstruktion funktionsgerecht?*

   Werden die Hauptfunktionen erfüllt?
   Werden die Neben- und Zusatzfunktionen erfüllt?
   Werden alle sonstigen Anforderungen erfüllt?

2. *Ist die Konstruktion beanspruchungsgerecht?*

   Ist der Lastflußverlauf günstig hinsichtlich der Bauteilfestigkeit, -steifigkeit, aber auch notwendiger Elastizität?
   Sind die beanspruchten Querschnitte überall ausreichend dimensioniert, d.h. weder zu reichlich noch zu knapp?
   Sind Kerbspannungen so weit als möglich reduziert?
   Sind besonders beanspruchte Bauteilzonen aus speziellem Werkstoff?
   Ist die Konstruktion hinreichend steif?

3. *Ist die Konstruktion fertigungsgerecht?*

   Sind die vorgesehenen Fertigungsverfahren für die Produktion dieses Produktes realisierbar und sinnvoll (Stückzahl, Maschinenbelegung, eventuelles Kaufteil)?
   Ist die Herstellung bzw. die Beschaffung aller Einzelteile und Baugruppen im geforderten Zeitraum möglich und wirtschaftlich?
   Ist die Herstellbarkeit, falls notwendig, automatisierbar?
   Sind konstruktive Maßnahmen möglich, die die notwendige Herstellgenauigkeit vermindern?

4. *Ist die Konstruktion montagegerecht?*

   Ist das Gesamtprodukt samt aller Baugruppen auch wirtschaftlich montierbar?

Kann die Gesamtmontage durch sinnvolle Vormontagen erleichert werden?
Sind Montagevorgänge, falls notwendig, automatisierbar (einfache Füge-
bewegungen, z.B. reine Axial-, Dreh- oder Schraubbewegung)?
Ist das Gesamtprodukt auch wirtschaftlich demontierbar, z.B. bei Wartungs-
arbeiten, vor allem beim Auswechseln von Verschleißteilen, aber auch nach
Ablauf der Produktlebensdauer zur Trennung recyclingfähiger Werkstoffe?
Ist die Demontagemöglichkeit auch leicht von außen erkennbar und plau-
sibel?

5.
Ist der Entwurf für die anschließende Detaillierung eindeutig genug?

1
Einführung

Das Konzept, das sich im Konstruktionsskelett ausdrückt, ist der Ausgangspunkt für den Entwurf. Mit der Entscheidung aber für ein bestimmtes Konzept sind die grundlegenden Eigenschaften des Produktes bereits festgelegt.

Bild 8.1. Konstruktionsablauf

Bedeutende Ingenieur-Produkte zeichnen sich daher in aller Regel durch eine geniale Konzeption aus.

Noch in den vergangenen Jahrzehnten wurden gute Konzepte von begabten Konstrukteuren mehr oder weniger intuitiv entwickelt. Viele andere Konstruktionen sind aufgrund dieser Konzepte durch Kombination oder Veränderung entstanden. Konstruktionserfahrung war i.allg. die Basis der Konzipierung.

Heute ist man bestrebt, eine gutes Konzept methodisch zu erarbeiten. Wegen der oft großen Fluktuation der Mitarbeiter, dem schnellen technischen Wandel und der notwendigen Flexibilität in der Unternehmensführung kann sich eine Konstruktionsabteilung nicht mehr nur auf Mitarbeiter mit fachspezifischer langjähriger Erfahrung stützen. Außerdem ist Intuition allein ein zu unzuverlässiger Partner, der nicht jedem, noch dazu nicht zu jeder Zeit zur Verfügung steht. Mit dem Methodischen Konstruieren ist man bemüht, den komplexen Vorgang des Konzipierens vornehmlich rational anzugehen, ohne die große Bedeutung von Erfahrung und Intuition zu verkennen. Damit sollen Konstrukteure auch ohne besondere fachspezifische Erfahrung in die Lage versetzt werden, allein mit ihrem erworbenen Grundwissen gute, zumindest brauchbare Konzepte zu erarbeiten.

Erfahrene Konstrukteure können durch methodisches Vorgehen die Zahl der infrage kommenden Lösungsmöglichkeiten erheblich erweitern und somit i.allg. auch ein günstigeres Konzept erreichen.

Methodenbewußtes Denken regt gleichzeitig Intuitionen an und führt mit der Zeit zur Verinnerlichung effektiver Denkweisen. Dadurch wird auch das unterbewußte Denken geprägt.

Sinn und Zweck des Methodischen Konstruierens ist es somit, systematisch möglichst alle Lösungsmöglichkeiten gedanklich zu erfassen und daraus die günstigste auszuwählen. Auswahlkriterien hierzu können zusätzlich u.a. die Herstellkosten, der Fertigungstermin, die betrieblichen Möglichkeiten sein (s.a. VDI-Richtlinie 2221 und 2222).

2
Grundlage des Konzipierens

2.1
Funktionale Betrachtung

Um alle in Frage kommenden Lösungsmöglichkeiten aufzureihen, ist es notwendig, zuerst deren Ursprung zu betrachten. Das Gemeinsame aller Lösungsmöglichkeiten ist die Erfüllung der an sie gestellten Aufgabe, die sich in Anforderungen ausdrückt. Deshalb muß zuerst die Frage aufbereitet werden, *was* konzipiert werden soll. Diese Definitionsphase nennt man die Funktionale Betrachtung, weil in ihr aus den Anforderungen die Funktionen, die das Produkt zu erfüllen hat, festgelegt, gewichtet und geordnet werden müssen.

2.2
Physikalische Betrachtung

Als nächstes muß der Konstrukteur das ihn umgebende Umfeld beachten, den Rahmen, der unserer Welt unumstößlich auferlegt ist, nämlich die Naturgesetze. Nur innerhalb derer ist die Erfüllung einer technischen Aufgabe möglich. Der Konstrukteur muß folglich erkennen, *wie*, auf welche naturgesetzliche Weise, die Funktionen erfüllt werden können. Weil im Maschinenbau innerhalb der Naturwissenschaften die Physik dominiert, nennen wir diese Qualifizierungsphase die Physikalische Betrachtung. In ihr werden den Funktionen physikalische Effekte zugeordnet.

2.3
Gestalterische Betrachtung

Im letzten Konzeptabschnitt muß das prinzipielle physikalische Geschehen konkretisiert, formenmäßig festgelegt werden. Das Produkt muß Gestalt annehmen, die naturgesetzlichen Maßeinheiten müssen mit Werten gefüllt werden, es muß entschieden werden, *womit* die Funktion sichergestellt werden soll.

Physikalische Vorgänge lassen sich in Maßeinheiten wiedergeben, die wiederum von 6 Grundgrößen abzuleiten sind (Länge, Zeit, Kraft; Temperatur, Stromstärke, Spannung). Die Mechanik, auf die wir uns hier beschränken wollen, läßt sich sogar auf nur 3 Grundgrößen (Länge (m), Zeit (s), Kraft (N)) zurückführen.

In Bild 8.2 sind die wichtigen aus diesen 3 Grundgrößen abgeleiteten Maßeinheiten aufgelistet. Diese lassen sich wiederum in 3 Gruppen zusammenfassen, die der Kinematik, der Geometrie und der Belastung. Die Belastungswerte aber äußern sich nicht direkt in der Gestalt, sondern bedingen nur über den Lastfluß und die Werkstoffwerte die Dimensionierung der Geometrie und evtl. auch Werte der Kinematik.

Somit ist bei der Anwendung der Mechanik die Gestalt für einen bestimmten Werkstoff allein durch die Kinematik und die Geometrie zahlenmäßig erfaßbar, wobei vektorielle Werte in Größe und Richtung festzulegen sind.

Kinematik	(m)	Bahnkurve	$(1/s)$	Winkelgeschwindigkeit
	(m/s)	Geschwindigkeit	$(1/s^2)$	Winkelbeschleunigung
	(m/s^2)	Beschleunigung		
Geometrie	(m)	Länge		
	(m^2)	Fläche		
	(m^3)	Volumen; Widerstandsmoment		
	(m^4)	Flächenträgheitsmoment		
Belastung	(N)	Kraft	(Ns)	Masse
	(Nm)	Moment; Energie	(Nm/s)	Leistung
	(N/m)	Linienlast	(Ns)	Impuls
	(N/m^2)	Flächenlast; Spannung; Druck	(Nms)	Drehimpuls
	(N/m^3)	Wichte	(Nms^2)	Massenträgheitsmoment

Bild 8.2. von Grundgrößen der Mechanik abgeleitete Maßgrößen

2.4
Lösungsvarianten und Auswahl

In der Physikalischen und Gestalterischen Betrachtungsphase sind meist jeweils mehrere Alternativlösungen möglich, so daß sich am Ende viele Lösungsmöglichkeiten durch Kombination ergeben, aus denen nach bestimmten Auswahlkriterien das günstigste Lösungskonzept auszuwählen ist.

3
Durchführung des Konzipierens

3.1
Funktionale Betrachtung

3.1.1
Anforderungsliste

Die vom Endverbraucher bzw. vom Markt ausgehenden Anforderungen werden in größeren Firmen von Marketing-Abteilungen ergänzt, präzisiert. Meist ist eine Markt- und Wettbewerbsanalyse notwendig. Allgemeine Trends sind zu berücksichtigen, um das zu konzipierende Produkt auch für die Zukunft attraktiv zu gestalten.

Trotzdem genügen diese Erkenntnisse oft nicht als ausreichende Vorgaben für eine Konstruktion, weil sie unvollständig und zu wenig genau sind. Deshalb muß die Konstruktionsleitung, aber auch der Konstrukteur diese an das Produkt gestellten Anforderungen und Bedingungen zunächst überprüfen, dann richtigstellen, vervollständigen, quantifizieren und gewichten. Dazu sind viele Gespräche mit Kunden, mit dem Auftraggeber und den betroffenen Abteilungen notwendig, mit dem Ziel, den besten Kompromiß im Konflikt zwischen den Einzelzielen zu erreichen.

So wird der Vertriebsleiter meist einen sehr kurzen Liefertermin fordern, was aber oft zur Folge hat, daß der Entwicklungsleiter nur auf bereits erprobte Konzepte zurückgreifen könnte und der Fertigungsleiter unwirtschaftliche Fertigungsverfahren anwenden müßte.

Übertriebene Anforderungen an den Bedienungskomfort und an die Wartungsfreiheit können die Herstellkosten ganz drastisch steigern.

Diese geklärten Anforderungen werden dann in einer Anforderungsliste festgehalten:

1. Kernanforderungen	Sinn und Zweck des Produktes, Zusatzforderungen und -wünsche an das Produkt
2. Anschlußbedingungen	z.B. Befestigungsmöglichkeit an Halterung samt der Anschlußmaße
3. Betriebsbedingungen	z.B. Bestimmung der Bedienungskräfte, Verhinderung von Fehlbedienung, Lebensdauer, Temperaturbereich, Korrosionsgefahr, Einhaltung gesetzlicher Vorschriften
4. Herstellungsbedingungen	z.B. Fertigung mit gegebenem Maschinenpark, Montagemöglichkeiten, Los- und Gesamtstückzahl, Fertigstellungstermine
5. Entwicklungsbedingungen	z.B. evtl. Entwicklung eines Baukastensystems, Versuchsmöglichkeiten, Freigabetermine, max. Herstell- und Entwicklungskosten, aber auch Betriebs- und Recyclingkosten
6. Vertriebsbedingungen	z.B. Transport- und Verpackungsmöglichkeiten, Endverbraucherpreis, Liefertermin
7. Wartungsbedingungen	z.B. gute Zugänglichkeit der Verschleißteile, Wartungsintervalle, Wartungsfreiheit
8. Verwertungsbedingungen	z.B. Recyclingmöglichkeit verwendeter Werkstoffe

Bild 8.3. Anforderungsliste

Beispiel 8.1: Scheinwerferaufhängung

Aufgabe: Eine große Filmgesellschaft braucht für die Innenräume ihrer Filmstudios Aufhängungen für gegebene Scheinwerfer. Mit diesen fest aufgehängten Scheinwerfern soll es möglich sein, das gesamte Studio örtlich genau und bequem auszuleuchten. Die Scheinwerfer müssen auch auf ein bestimmtes Objekt schnell, bequem und schwingungsarm feststellbar sein.

Anforderungsliste (nach Abstimmung mit Auftraggeber und Betriebsstellen)

1. *Kernanforderung:*	Mit der Aufhängung soll ein bestimmter Scheinwerfer genau[1] und bequem[1] auf jedes Objekt in einem Rechteckraum einstellbar und schnell[1] und bequem[1] fixierbar sein.
2. *Anschlußbedingungen:*	Die Aufhängung soll an der Wand oder an der Decke festgeschraubt werden.
3. *Betriebsbedingungen:*	Der Scheinwerfer wird von einem Beleuchter von Hand bedient.

Handkräfte zur Einstellung	<1 N
Handkräfte zur Feststellung	<10 N
Temperaturbereich	$-10°C$ bis $+40°C$
Lebensdauer	>10 Jahre
Geringe Schwingungsanfälligkeit[1]	

4. *Herstellungsbedingungen:*

Stückzahl	100 Stück
Schweiß-, Biege- und spanabhebende Bearbeitung möglich	
Fertigstellungstermin:	6 Wochen nach Konstruktionsfreigabe

5. *Entwicklungsbedingungen:*	möglichst nur Normteile verwenden (aus Beschaffungsgründen)
	möglichst geringe Herstellkosten
Freigabetermin:	4 Wochen nach Auftragserteilung

6. *Vertriebsbedingungen:*

Transport:	auf einmal verpackt per Bahn
Preis und Zahlungsbedingungen:	. . .
Liefertermin:	12 Wochen nach Auftragserteilung

7. *Wartungsbedingungen:*	wartungsfrei
8. *Verwertungsbedingungen:*	Werkstoffe trennbar gestalten

---

[1] Diese Angaben sind nicht quantifiziert. Der Aufwand des Definierens, der daraus resultierenden quantitativen Auslegung und der nachfolgenden Überprüfung erscheint in diesem Fall nicht gerechtfertigt.

3.1.2
Funktionen

Mit den Kernanforderungen wird festgelegt, welche Eigenschaften das Produkt besitzen soll. Diese Anforderungen gilt es in einfache, technische Funktionen umzuwandeln, die das Produkt ausführen bzw. die das Produkt mit sich geschehen lassen soll. Diese Funktionen sind mit Tätigkeiten (Verben) zu beschreiben, um den Ablauf im Betriebszustand zu verdeutlichen, und anschließend zu gewichten.

Die Funktionen werden gegliedert in

- *Hauptfunktionen*
  (Funktionen, die die Kernanforderungen erfüllen, die dem direkten Zweck des Produktes dienen. Sie werden gefunden durch Fragen: Was ist der direkte Nutzen des Produktes für den Kunden? Weswegen wird das Produkt gebraucht? Aus welchem technischen Grund soll das Produkt Verwendung finden ?)

- *Nebenfunktionen*
  (Sie dienen zwar nicht unmittelbar dem Zweck des Produktes, ergeben sich aber zwangsläufig mittelbar aus seinen Hauptfunktionen, z.B. Schließen des Lastflusses, notwendige Verbindung der Bauelemente)

- *Zusatzfunktionen*
  (Sie sind zur Erfüllung der Hauptfunktionen nicht unbedingt notwendig, aber nützlich, z.B. einfache, bequeme Maschinenbedienung und -handhabung).

Die Formulierung der Funktionen muß möglichst allgemein gehalten werden, d.h. sie müssen von jeder unnötigen Einengung befreit werden, müssen jedoch andererseits den Anforderungen auch ausreichend genau entsprechen. Nur so wird einerseits die Zahl der Lösungen auf brauchbare eingeschränkt, andererseits aber werden auch keine brauchbaren ausgegrenzt.

Die aus den Anforderungen entnommenen Funktionen sind bei komplexer Aufgabenstellung noch in Teilfunktionen zu untergliedern, die wiederum in Strukplänen zur Gesamtfunktion zusammengesetzt werden. Die Zerlegung in Teilfunktionen vereinfacht das Konzipieren oft erheblich. Das Gesamtproblem wird dadurch zerlegt in überschaubare Teilprobleme. Anschließend ist es notwendig, die Teilfunktionen zu ordnen, zu strukturieren (z.B. nach ihrem sinnvollen zeitlichen Ablauf) und dabei eventuell auch wieder in bestimmten Funktionseinheiten zu bündeln.

Beispiel 8.2: Scheinwerferaufhängung - Funktionen:

Hauptfunktionen: Scheinwerfer führen
                      Scheinwerfer feststellen
Nebenfunktion: Lastfluß schließen
Zusatzfunktionen: Scheinwerfer genau und bequem führen
                      Scheinwerfer schnell und bequem feststellen, ohne die Lage
                      des bereits eingestellten Scheinwerfers wieder zu verändern

Vorderansicht
des Scheinwerfers   Mögliches Konstruktionsskelett

3.2
Physikalische Betrachtung

Sind die Funktionen festgelegt, müssen diesen physikalische Effekte, die jene bewirken, zugeordnet werden. Wichtig dabei ist, daß jeder einzelnen Funktion bestimmte physikalische Effekte zuzuordnen sind.

Beispiel 8.3: Scheinwerferaufhängung - physikalische Effekte

Funktion: zu verwirklichen mit Physikalischem Effekt:

Scheinwerfer führen   Gleitführung
Scheinwerfer feststellen   Festkörperreibung
                      Lastübersetzung mit Keilwirkung

3.3
Gestalterische Betrachtung

3.3.1
Kinematik

Die Produkte des Maschinenbaus bestehen meist auch aus im Betrieb beweg-
ten Teilen, und deshalb ist die zur Erfüllung von Funktionen beabsichtigte
Kinematik bestimmter Funktionsgruppen zu definieren. Hierbei sind die Freiheitsgrade zu bedenken, die durch Führungselemente frei oder eingeschränkt
sein sollen.

Die geführte Bewegung sollte technisch möglichst einfach zu verwirklichen
sein.

Beispiel 8.4: Scheinwerferaufhängung – Kinematik

Kinematik für Funktion „Scheinwerfer führen":

Der Scheinwerfer muß einen dreidimensionalen Raum ausleuchten. Der Scheinwerfer-
strahl deckt eine Dimension ab, so daß der Scheinwerfer selbst zweidimensional be-
wegbar sein muß.

Die Drehmöglichkeit um zwei senkrecht aufeinander stehende und senkrecht zur
Scheinwerferachse verlaufende Achsen ergeben eine Lösung.

Mögliche Schwenkwinkel von 180° um die senkrechte und 90° um die waagrechte Achse erlauben dann die gesamte Raumausleuchtung, wenn die Aufhängung
in der Nähe der Wand-Decken-Ecke erfolgt.

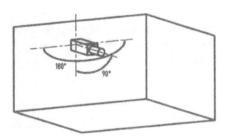

Mögliche Scheinwerferanordnung

3.3.2
Geometrie

3.3.2.1
Wirkelemente

Ist die Funktionale und Physikalische Betrachtung abgeschlossen, muß die Gestalt definiert werden. Das physikalische Geschehen wirkt an bestimmten Bauelementen mit ihren Körpern und Flächen, die als Wirkelemente bezeichnet werden. Diese Wirkelemente sind die Grundbausteine für das Konzept.

Bei der Suche nach möglichen Wirkelementen sollte neben der bloßen Geometrie immer gleichzeitig die reale Gestaltungsmöglichkeit samt der unmittelbaren Umgebung (z.B. Anschlußmöglichkeiten) mitbetrachtet werden.

Deshalb empfiehlt es sich, ein infrage kommendes Wirkelement nicht nur in Form eines Konstruktionsskelettes darzustellen, sondern es sich auch in Form einer primitiven Ausgestaltung samt direktem Umfeld vorzustellen.

Beispiel 8.5: Scheinwerferaufhängung – Wirkelemente

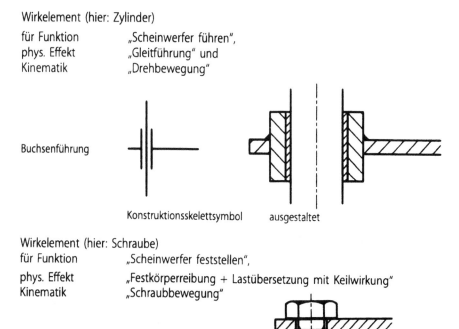

Wirkelement (hier: Zylinder)

für Funktion   „Scheinwerfer führen",
phys. Effekt   „Gleitführung" und
Kinematik   „Drehbewegung"

Buchsenführung

Konstruktionsskelettsymbol   ausgestaltet

Wirkelement (hier: Schraube)

für Funktion   „Scheinwerfer feststellen",
phys. Effekt   „Festkörperreibung + Lastübersetzung mit Keilwirkung"
Kinematik   „Schraubbewegung"

Schraubenklemmung

Konstruktionsskelettsymbol   ausgestaltet

3.3.2.2
Wirk-Teilstrukturen

Anschließend werden diese Wirkelemente auch teilweise für verschiedene Funktionen zu Wirk-Teilstrukturen ergänzt, um die Lagerung sicherzustellen, den Lastfluß zu erweitern, Vormontagegruppen zu erzeugen oder ähnliches zu bewirken. Die Wirkelemente werden dadurch zu Gestaltungszonen verbunden.

Beispiel 8.6: Scheinwerferaufhängung – Wirkteilstruktur

Wirk-Teilstruktur für Funktionen "Scheinwerfer führen + Lastfluß schließen"

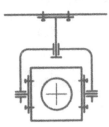

Wirk-Teilstruktur

3.3.2.3
Wirk-Gesamtstruktur

Die so entstandenen Wirk-Teilstrukturen für verschiedene Funktionen werden abschließend eventuell zusammen mit noch vereinzelten Wirkelementen zur Wirk-Gesamtstruktur so zusammengefaßt, daß alle Funktionen erfüllt werden.

3.3.2.4
Konstruktionsskelett

Auch wenn in der Wirk-Gesamtstruktur neben der Funktion und der Beanspruchbarkeit auch die Fertig- und Montierbarkeit mitüberlegt werden muß, sind letztere in den Strukturen oft nicht explizit konkretisiert, weil in der Variationsphase Lösungen schnell verändert und wieder miteinander verglichen werden müssen.

Deshalb muß die Wirk-Gesamtstruktur im Konstruktionsskelett bezüglich der Erfüllung obiger Kriterien noch so vervollständigt werden, daß sie als Basis für die Entwurfsphase dient.

Konzipierung

1	Funktionale Betrachtung	
1.1	Anforderungen	Kernanforderungen, Anschluß-, Betriebs-, Herstellungs-, Entwicklungs-, Vertriebs-, Wartungs-, Verwertungsbedingungen
1.2	Funktionen	Übersetzung der Anforderungen in technische Funktionen, allgem. Formulierung, evtl. Untergliederung und Strukturierung; Gliederung in Haupt-, Neben- und Zusatzfunktionen
2	Physikalische Betrachtung	Zuordnung der Funktionen zu physikalischen Effekten
3	Gestalterische Betrachtung	
3.1	Kinematik	erforderliche Bewegung zur Funktionserfüllung Führung durch Beschränkung von Freiheitsgraden
3.2	Geometrie	
3.2.1	Wirkelemente	Bauelemente zur Funktionserfüllung
3.2.2	Wirk-Teilstrukturen	Kombination und Ergänzung der Wirkelemente zu Gestaltungszonen
3.2.3	Wirk-Gesamtstruktur	Integration aller Wirk-Teilstrukturen zur Erfüllung aller Funktionen
3.2.4	Konstruktionsskelett	skeletthafte Ausarbeitung der Wirk-Gesamtstruktur zu einer funktions-, beanspruchungs-, fertigungs- und montagegerechten Lösung

Bild 8.4. erste Übersicht über die Konzipierung

4
Variationsmöglichkeiten

4.1
Funktionale Betrachtung

4.1.1
Anforderungsliste

Die Anforderungsliste ist der Ursprung aller konstruktiven Überlegungen, und deshalb enthält diese i.allg. keine Alternativen.

Weil aber die Auswirkungen der Anforderungen auf die entsprechenden Lösungen zu Beginn oft nicht absehbar sind, kann es sehr wohl sinnvoll sein, in bestimmten Konzeptphasen diese Anforderungen teilweise infrage zu stellen. Eine nachträgliche sinnvolle Abänderung der Anforderungen kann aber nur zusammen mit dem Aufgabensteller und den betroffenen Abteilungen erfolgen.

4.1.2
Funktionen

Die Formulierung der Funktionen ist für die Gewinnung der Variationsmöglichkeiten von großer Bedeutung. Die Definition muß so eng wie nötig, aber auch so weit wie möglich vorgenommen werden. Schränkt man sie zu wenig weit ein, ist sie zu wenig aussagefähig und verursacht infolgedessen durch das nachfolgende Inbetrachtziehen auch unbrauchbarer Lösungen unnötigen Aufwand. Ist die Definition andererseits zu eng, werden damit brauchbare Lösungen schon in der Anfangsphase ausgeschieden, ohne daß ein bewußtes Überdenken dieses Lösungsbereiches hat stattfinden können.

Beispiel 8.7: Scheinwerferaufhängung – Bestimmung der Funktionen

Die Anforderung, daß der Scheinwerfer auf jedes Objekt in einem Rechteckraum einstellbar sein soll, wurde im Beispiel 8.2 bei der Erstellung der Funktionen mit „Scheinwerfer führen" ausgedrückt. Die Ausgangsformulierung „Scheinwerfer einstellen" ist hinsichtlich der technischen Realisierung zuwenig konkret. Die Formulierung „Scheinwerfer führen" läßt sich hingegen weiter, aber auch enger fassen:

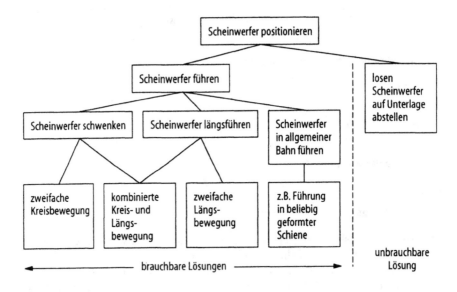

„Scheinwerfer positionieren" schließt geführte und ungeführte Bewegungen ein. Um den Scheinwerfer von einer Position in eine andere überzuführen, bedarf es der Einleitung von Kräften und/oder Momenten (Lasten), die die Lasten, die die Bewegung verhindern wollen, überwinden. Bei ungeführten Bewegungen sind diese Lasten zur Erzielung einer Scheinwerferposition nur in genau definierten Richtungen aufzubringen, während sich bei geführten Bewegungen Bedienungskräfte auch aus etwas anderen Richtungen nur in Richtung der vorhandenen Freiheitsgrade auswirken.

Die Anforderungen an den Beleuchter sind folglich bei geführten Scheinwerferaufhängungen wesentlich geringer, und somit ist der Bedienungskomfort bedeutend größer. Ungeführte Aufhängungen sind folglich prinzipiell unbrauchbar und deswegen die Funktion „Scheinwerfer positionieren" zu weit gefaßt.

Andererseits ist die Funktion „Scheinwerfer schwenken" zu eng gefaßt, weil unter Schwenken Kreisbewegungen verstanden werden. Die Kreisbewegung ist aber bei weitem nicht die einzige Bewegungsart mit eingeschränktem Freiheitsgrad. Linear- und allmein geführte Bewegungen sind durchaus mögliche Alternativen.

3.2
Physikalische Betrachtung

Zur Erfüllung einer Funktion sind oft mehrere physikalische Effekte geeignet.

Beispielsweise kann eine Befestigung über Stoff-, Form-, Reib- oder Kraftschluß erfolgen. Unter Kraftschluß soll in diesem Zusammenhang eine Kraftverbindung verstanden werden, die nicht über Stoff-, Form- oder Reibschluß erfolgt, z.B. mittels Schwer-, Flieh- oder Magnetkraft.

Eine Bewegung kann gleitend oder wälzend ausgeführt werden.

Teile können starr oder elastisch miteinander verbunden sein.

Eine Änderung einer Kraft in Richtung und Größe kann durch Hebel-, Keilwirkung oder Kräftezerlegung vorgenommen werden.

Während der Maschinenbaustudent primär mechanische Effekte (statische und dynamische) in Erwägung zieht, sind sekundär auch hydraulische, pneumatische, thermische, elektrische, magnetische, optische und chemische Wirkungsmöglichkeiten zu bedenken.

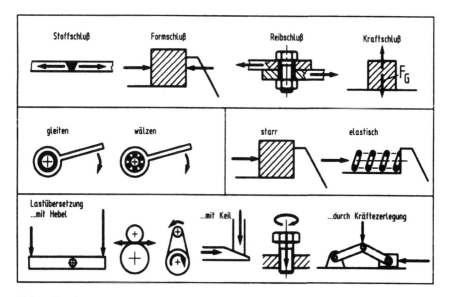

Bild 8.5. häufig angewandte physikalische Effekte

Beispiel 8.8: Scheinwerferaufhängung – Varianten der physikalischen Effekte physikalischer Effekt für Funktion „Scheinwerfer feststellen"

Zur Feststellung (Befestigung) kommen grundsätzlich der Stoff-, Form-, Reib- und Kraftschluß infrage.

Der Reibschluß ist in der Lage, zwei Teile in unendlich vielen Positionen zu befestigen.

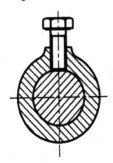

Beispiel: Klemmung einer Nabe auf einer Welle (die Nabe kann in jedem Umfangswinkel auf der Welle geklemmt werden)

Der Formschluß kann zwei Teile zueinander nur in endlich vielen Stellungen positionieren.

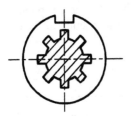

Beispiel: Keilwellenverbindung (die Nabe aus nebenstehendem Bild hat acht Positionsmöglichkeiten auf der Welle)

Der Stoffschluß erlaubt nur eine mögliche Positionierung zweier Teile zueinander.

Beispiel: Aufgeschweißte Nabe

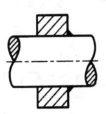

Auch der Kraftschluß ermöglicht prinzipiell unendlich viele Befestigungslagen.

Hier bietet sich der Reibschluß an, weil er einerseits gestattet, den Scheinwerfer in jeder beliebigen Position festzustellen und andererseits eine Reibkraft in Form einer Klemmkraft für das Einstellen und Feststellen sich einfach verändern läßt.

4.3
Gestalterische Betrachtung

4.3.1
Kinematik

Auch in der Festlegung der Bewegung von Bauteilen sind meist Varianten möglich, die alle die Funktion erfüllen.

Technisch einfache Bewegungsarten für geführte Bewegungen sind die Dreh-, Längs- und Schraubbewegung.

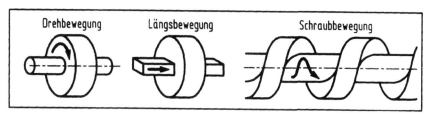

Bild 8.6. einfache Bewegungsformen

Beispiel 8.9: Scheinwerferaufhängung – kinematische Varianten

Kinematische Variationsmöglichkeiten für die Hauptfunktion „Scheinwerfer führen":

In Beispiel 8.4 wurde eine mögliche Lösung beschrieben. Eine zweidimensionale Bewegung ist aber auch mit anderen Bewegungsarten möglich. Es bietet sich neben der Dreh- auch die Längsbewegung an (eine Drehung um die Scheinwerferachse und eine Längsbewegung in diese ergibt allerdings keine Beleuchtungsänderung!).

Befestigung an der Wand oben:

a. senkrechte und waagrechte Längsbewegung

c. waagrechte Längsbewegung und Drehung um waagrechte Achse

b. senkrechte Längsbewegung und Drehung um senkrechte Achse

d. Drehung um senkrechte und waagrechte Achse

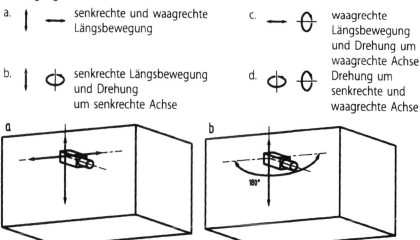

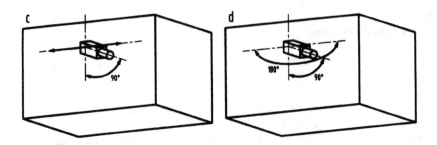

Befestigung an der Decke:

e. Längsbewegung in Richtung Achse 1 und 2

f. Längsbewegung in Richtung Achse 1 und Drehung um Achse 1

g. Längsbewegung in Richtung Achse 2 und Drehung um Achse 2

h. Drehung um die Achsen 1 und 2

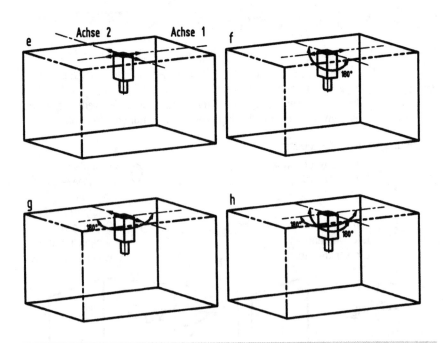

4.3.2
Geometrie

Bei der Suche nach Varianten der Wirkelemente wird man i.allg. am meisten fündig.

4.3.2.1
Form

Als erstes beginnt die Suche nach Formen, die die Funktionen am besten sicherstellen, die aber gleichzeitig auch einfach herstell- und montierbar sind.

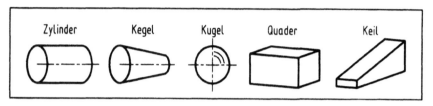

Bild 8.7. einfach herzustellende Wirkelementformen

Beispiel 8.10: Scheinwerferaufhängung – Formvariation

Funktion	„Scheinwerfer führen"
phys. Effekt	„Gleitführung" und
Kinematik	„Drehbewegung"

Als Wirkkörper kommen nur achsensymmetrische Körper in Betracht, denn nur die erlauben eine Drehbewegung:

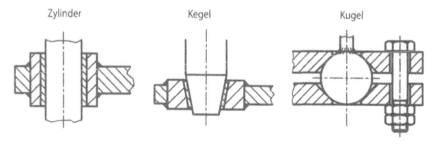

4.3.2.2
Lage

Die Variation der Lage (Anordnung) dieser Formen auch zueinander, die Umkehr der Richtung, der Tausch der Elemente ist i.allg. besonders ergiebig für die Ermittlung gestalterischer Lösungen zu Wirk-Teilstrukturen.

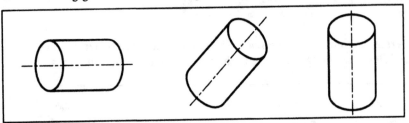

Bild 8.8. Lagenvariationen

Beispiel 8.11: Scheinwerferaufhängung – Lagevariation

Lager für die horizontale Achse

Funktion	„Scheinwerfer führen"
phys. Effekt	„Gleitführung"
Kinematik	„Drehbewegung"
Form	„Zylinder"

mittige Lagerung

fliegende Lagerung

Lagerbolzen scheinwerferseitig   Lagerbuchse scheinwerferseitig

Die horizontale Lagerachse kann durch den Schwerpunkt (S) verlaufen, aber auch darüber (O), darunter (U), dahinter (H) oder davor (V).

4.3.2.3
Zahl

Desweiteren ist die Zahl der in Betracht gezogenen Elemente eine Möglichkeit zur Erweiterung der Lösungen.

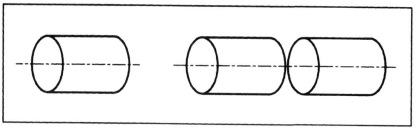

Bild 8.9. Veränderung der Anzahl der Wirkelemente

Beispiel 8.12: Scheinwerferaufhängung – Variation der Anzahl

Lager für die senkrechte Achse

Funktion	„Scheinwerfer führen"
phys. Effekt	„Gleitführung"
Kinematik	„Drehbewegung"
Form	„Zylinder"

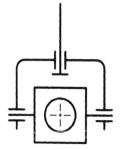 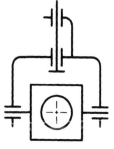

4.3.2.4
Größe

Schließlich läßt sich auch die Größe der Elemente – aber auch das Größenverhältnis zueinander – variieren, was nicht nur Änderungen in der Beanspruchung bewirkt, sondern grundsätzlich neue Lösungen ergeben kann.

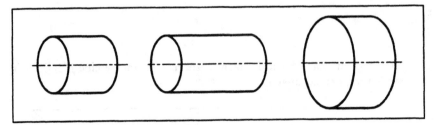

Bild 8.10. Veränderung der Größenordnung

Beispiel 8.13: Scheinwerferaufhängung – Größenvariation

Kugellagerung

Funktion   „Scheinwerfer führen"
phsy. Effekt   „Gleitführung"
Kinematik   „Drehbewegung"
Form   „Kugel"

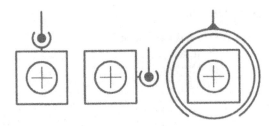

Eine Kugellagerung läßt sich am Scheinwerfer scheinbar nur darüber und daneben anbringen, nicht aber im Schwerpunkt.

Wird der Scheinwerfer insgesamt in eine große Kugel versenkt, so ist eine Lagerung aber im Schwerpunkt möglich.

4.3.2.5
Sanierungslösung

Wichtig bei der Variation von Form, Lage, Zahl und Größe ist es, gedanklich nicht an einer zentralen Lösung zu kleben, sondern möglichst durch Variation von scheinbar Unabänderlichem in neue Lösungsbereiche vorzustoßen.

Manche dieser Lösungen haben Nachteile in irgendeiner Hinsicht. Sie müssen deshalb nicht gleich verworfen werden, sondern können eventuell durch Sanierungslösungen, d.h. Zusätze, Einschränkungen usw. zu brauchbaren Prinzipien gebracht werden.

Beispiel 8.14: Scheinwerferaufhängung – Sanierungslösung

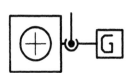

Die nebenstehende kugelgelagerte Ausführung hat den Nachteil, daß der Scheinwerfer im nichtbefestigten Zustand nach unten wegklappen will, also beim Einstellen gehalten werden muß.

Dieser Nachteil ist durch die gezeigte Sanierungslösung beseitigbar. Das Gegengewicht G verlegt den Systemschwerpunkt in den Kugelmittelpunkt, und somit befindet sich der Scheinwerfer im gewünschten indifferenten Gleichgewichtszustand.

Konzipierung

1	Funktionale Betrachtung	
1.1	Anforderungen	Kernanforderungen, Anschluß-, Betriebs-, Herstellungs-, Entwicklungs-, Vertriebs-, Wartungs-, Verwertungsbedingungen
1.2	Funktionen	Übersetzung der Anforderungen in technische Funktionen, allgem. Formulierung, evtl. Untergliederung und Strukturierung; Gliederung in Haupt-, Neben- und Zusatzfunktionen
2	Physikalische Betrachtung	Zuordnung der Funktionen zu physikalischen Effekten
3	Gestalterische Betrachtung	
3.1	Kinematik	erforderliche Bewegung zur Funktionserfüllung Führung durch Beschränkung von Freiheitsgraden
3.2	Geometrie	
3.2.1	Wirkelemente	Bauelemente zur Funktionserfüllung Variation der Form
3.2.2	Wirk-Teilstrukturen	Kombination und Ergänzung der Wirkelemente zu Gestaltungszonen
3.2.2.1	Variation der Lage	
3.2.2.2	Variation der Zahl	
3.2.2.3	Variation der Größe (auch der Größenverhältnisse)	
3.2.3	Wirk-Gesamtstruktur	Integration aller Wirk-Teilstrukturen zur Erfüllung aller Funktionen
3.2.4	Konstruktionsskelett	skeletthafte Ausarbeitung der Wirk-Gesamtstruktur zu einer funktions-, beanspruchungs-, fertigungs- und montagegerechten Lösung

Bild 8.11. zweite Übersicht über Konzipierung

5
Variationstechniken

In den vorangegangenen Kapiteln ist die Entwicklung der Lösungen von der Funktion bis zu der Vielzahl der Lösungsvarianten beschrieben worden. In der Reihenfolge ihrer Wertigkeit werden nacheinander die Funktionale, Physikalische und Gestalterische Betrachtung angestellt, so daß sich die Lösungsmöglichkeiten immer weiter auffächern, sofern nicht Lösungen schon im Vorfeld ausgeschieden werden. Ziel muß es sein, möglichst alle Möglichkeiten zu erfassen, aus denen dann die für die spezielle Aufgabe günstigste Lösungsvariante ausgewählt wird.

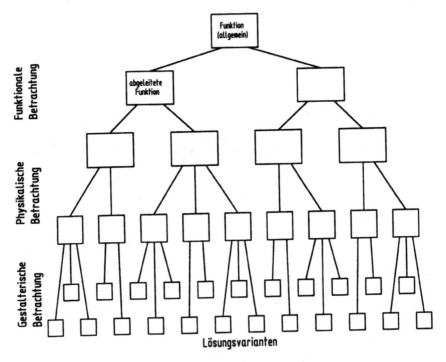

Bild 8.12. Zusammenhang zwischen Funktion und Lösungsvarianten

Diese Lösungsvarianten können nach diesem Schema aber auf verschiedene Arten erarbeitet werden:

5.1
Folgerichtiges Verfahren

Der Konstrukteur versucht zuerst die Funktion noch zu verallgemeinern und ermittelt dann auf folgerichtige Weise sämtliche denkbaren physikalischen Prinzipien, mit denen diese Funktion zu verwirklichen ist. In der gestalterischen Phase geht er entsprechend vor (Bild 8.13a).

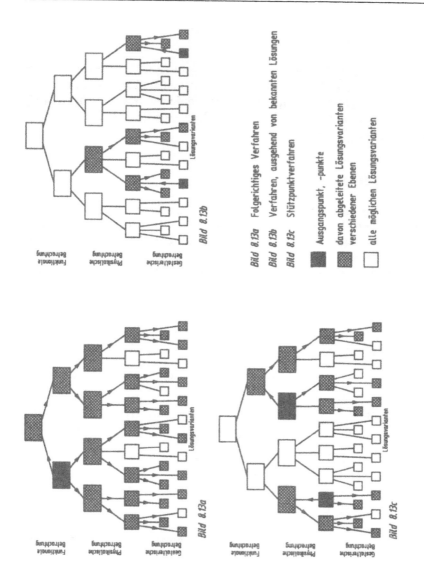

Bild 8.13. Verfahren zur Erarbeitung von Lösungsvarianten

5.2
Verfahren, ausgehend von bekannten speziellen Lösungen

Sehr oft sträuben sich gerade kreative Menschen gegen ein ausschließlich folge-richtiges Denken. Sie bevorzugen es, von bekannten Lösungen auszugehen, de-ren Merkmale zu analysieren und diese Ausgangsmerkmale infrage zu stellen, auch bewußt umzukehren. Damit wird das Lösungsprinzip eine oder mehrere Stufen in Richtung Funktion zurückgeführt. Hierdurch eröffnen sich durch Va-riation wieder weitere Lösungsmöglichkeiten (Bild 8.13b; Beispiel 8.15).

5.3
Stützpunktverfahren

Der Ausgangspunkt der Überlegungen muß nicht unbedingt eine mehr oder weniger geeignete fertige Lösungsvariante sein, sondern kann ein bestimmtes funktionales, physikalisches oder auch übergeordnetes gestalterisches Prinzip sein. Von diesem Ausgangspunkt aus wird dann – entsprechend 5.2 – variiert bzw. verallgemeinert (Bild 8.13c).

5.4
Gemischtes Verfahren

Die Summe aus den Verfahren 5.1 bis 5.3 ist am erfolgversprechendsten, weil sie einer gegenseitigen Kontrolle unterworfen sind. Mit jedem Verfahren sollten bei konsequenter Anwendung in etwa die gleichen Lösungsvarianten entstehen. Ist das nicht der Fall, so ist nach dem Grund zu forschen. Mit dem Ausmerzen der entsprechenden Fehler entstehen oft noch zusätzliche Möglichkeiten.

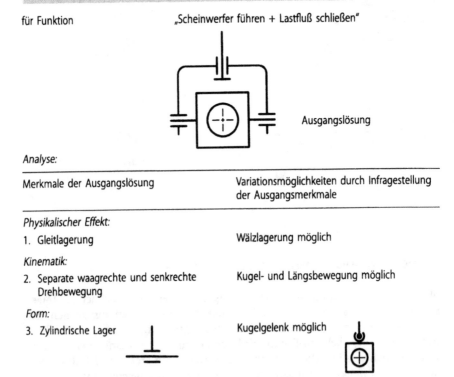

Beispiel 8.15: Scheinwerferaufhängung – Variationsverfahren, ausgehend von spezieller Lösung

für Funktion   „Scheinwerfer führen + Lastfluß schließen"

Ausgangslösung

Analyse:

Merkmale der Ausgangslösung	Variationsmöglichkeiten durch Infragestellung der Ausgangsmerkmale
Physikalischer Effekt:	
1. Gleitlagerung	Wälzlagerung möglich
Kinematik:	
2. Separate waagrechte und senkrechte Drehbewegung	Kugel- und Längsbewegung möglich
Form:	
3. Zylindrische Lager	Kugelgelenk möglich

Merkmale der Ausgangslösung	Variationsmöglichkeiten durch Infragestellung der Ausgangsmerkmale

Lage:

4. Beide Drehachsen durch Schwerpunkt S

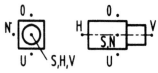

Die einzelnen Achsen können nicht nur durch den Schwerpunkt S, sondern beispielsweise auch unterhalb (*U*), oberhalb (*O*), neben (*N*), hinter (*H*) oder vor (*V*) dem Scheinwerfer verlaufen.
20 Möglichkeiten (5×4):
Waagr. Achse durch *S, H, O, U, V*
Senkr. Achse durch *S, H, N, V*

5. Waagrechte Achse fest am Scheinwerfer
   Senkrechte Achse fest an Decke

Waagr. Achse fest an Decke
Senkr. Achse fest an Scheinwerfer

6. Waagrechte Lagerung mittig

Waagrechte Lagerung fliegend

7. Lagerbolzen am Scheinwerfer
   und an der Decke

	Lagerbolzen am Scheinwerfer	Lagerbuchse am Scheinwerfer
Lagerbolzen an der Decke	Ausgangslösung	
Lagerbuchse an der Decke		

Zahl:

8. Senkrechte Lagerung hat ein Lager

senkrechte Lagerung mit zwei Lagern (hier fliegend)

Die Variationsmöglichkeiten können größtenteils alle noch miteinander kombiniert werden, so daß sich eine sehr große Variantenzahl ergibt.

Welches dieser Verfahren (5.1–5.4) zur Anwendung kommt ist unwesentlich. Wesentlich ist, daß jeder Konstrukteur mit dem ihm genehmen Verfahren zunächst vollkommen kritiklos, in freier Entfaltung eine Vielzahl von Ideen sammelt und mit der damit verbundenen Strukturierung möglichst viele Lösungen erfaßt.

Gleichgültig nach welchem Verfahren die Lösungen erzielt worden sind, werden sie als Ergebnis folgerichtig (entsprechend Verfahren 5.1) aufgelistet. An einem einmal aufgelisteten Ergebnis kann man deshalb nicht mehr die Entstehungsgeschichte erkennen.

6
Auswahl der Varianten

Bei der Funktionalen, Physikalischen und Gestalterischen Betrachtung ergeben sich jeweils Varianten. Die von den Anforderungen abgeleiteten Funktionen lassen sich oft durch mehrere physikalische Effekte, kinematische Möglichkeiten, verschiedene Wirkelemente, Wirk-Teil- und Wirk-Gesamtstrukturen erfüllen. Das Ziel war bisher, möglichst viele dieser Variationsmöglichkeiten zu erkennen.

Natürlich muß sich aber am Ende eine Lösung ergeben, die als die beste erscheint. Dazu sind nach den einzelnen Konzeptionsschritten Bewertungen durchzuführen und eine Auswahl zu treffen. Vor der frühzeitigen Ausscheidung von Teillösungen ist aber zu bedenken, daß diese in Kombination mit nachfolgenden Varianten eine gute Gesamtlösung ergeben können. Nicht immer ergibt nämlich die Kombination der besten Teillösungen auch die beste Gesamtlösung. Das kann soweit gehen, daß die beste Lösung erst nach der Erstellung des Entwurfes erkannt werden kann, folglich in der Konzeptphase noch zwei oder mehr Konstruktionsskelette zur Auswahl stehen, ohne daß zu diesem Zeitpunkt eine Auswahlentscheidung zugunsten einer einzigen Lösung gefällt werden kann.

Vor einer Auswahl sind Bewertungskriterien zu formulieren, die sich an den Anforderungen zu orientieren haben. Diese sollen sich möglichst auch teilweise nicht überschneiden, also unabhängig von einander sein, und müssen ihrer Bedeutung angemessen gegeneinander gewichtet werden (Gewichtungsfaktoren $g = 1, 2, 3$). Die Einzelbewertung umfaßt meist 5 Bewertungsstufen ($w = 0 =$ unzureichend; $1 =$ noch tragbar; $2 =$ durchschnittlich; $3 =$ gut; $4 =$ sehr gut). Feinere Abstufungen ergeben i.allg. kein genaueres Ergebnis, weil bei den meisten Bewertungen eine gewisse Subjektivität nicht auszuschließen ist. Der Gesamtwert für ein bestimmtes Bewertungskriterium ergibt sich als das Produkt aus dem Einzelwert und dem Gewichtungsfaktor.

Lösungen, die in einem wichtigen Forderungskriterium den Einzelwert 0 (unzureichend) oder gegebenenfalls auch 1 (noch tragbar) erreichen, sind unabhängig von der Summe aller Bewertungen auszuscheiden.

Bewertungstabelle:

Lösungs-bezeichnung	Kriterium I			Kriterium II		
	Einzelwert	Gewichtung	Gesamtwert	Einzelwert	Gewichtung	Gesamtwert
	w	g	$w.g = W$	w	g	$w.g = W$

Beispiel 8.16: Scheinwerferaufhängung

Bewertung für die Kinematik der Hauptfunktion „Scheinwerfer führen" und einer Befestigung der Aufhängung an der Wand oben (Bewertung der 4 Varianten für Längs- und Drehbewegung)

Lösungs-variante	Kernforderung: mögliche Raumausleuchtung[1]			Kernforderung: Bedienungs-freundlichkeit[2]			Forderung nach geringen Herstell-kosten, Bauaufwand[3]			Summen-wert
	w	g	W	w	g	W	w	g	W	ΣW
	0	2	0							
	0	2	0							
	4	2	8	2	1	2	2	1	2	12
	4	2	8	4	1	4	4	1	4	16

[1] Die Raumausleuchtung ist von oben am besten zu bewerkstelligen, weil unten die Einrichtung steht und die Schauspieler agieren. Der Lichtstrahl eines unten angebrachten Scheinwerfers würde auf zu viele Hindernisse stoßen. Der Gewichtungswert 2 wird begründet mit der Erfüllung der Hauptfunktion.

[2] Die Bedienung ist am einfachsten, wenn diese immer an demselben Ort erfolgen kann. Eine Verstellung in Richtung Raumhöhe ist weniger schwierig als die in Raumlänge, weil diese meist ausgedehnter ist.

[3] Der Bauaufwand bzw. die Ausdehnung der Aufhängung ist bei einer Längsbewegung wegen der notwendigen Stangen- oder Schienenführung wesentlich größer. Auch hier ist die Führungslänge in Richtung Raumhöhe geringer als die in Raumlänge.

Auswahl:
Die beiden ersten Varianten scheiden aus, weil je ein Einzelwert unzureichend bewertet wurde. Die Lösung mit der Drehbewegung um zwei Achsen wird gewählt.

7
Konzipierungsablauf

7.1
Erarbeiten des Lösungsprinzipes

Die Physikalische und Gestalterische Betrachtung ist für jede notwendige Funktion durchzuführen mit den sinnvollen Zwischenbewertungen und Auswahlbeschränkungen. Manche Neben- und Zusatzfunktion entsteht aber erst durch eine gewisse Auswahl bei den physikalischen Effekten, Bewegungsmöglichkeiten oder Wirkelementen für die Hauptfunktionen.

Eine auf das Gesamtprodukt abzielende Auswahl in den einzelnen Arbeitsschritten ist aber nur durchführbar, wenn die Auswirkung auf alle Funktionen abschätzbar ist. Deshalb ist empfehlenswert, nach der Wahl der Wirkelemente ein *Lösungsprinzip* zu erstellen, aus dem die Notwendigkeit weiterer Funktionen hervorgeht. Das Lösungsprinzip ist das Prinzip für die später zu erstellende Wirk-Gesamtstruktur. Das Lösungsprinzip muß alle Funktionen aber nur prinzipiell erfüllen, denn es dient nur dem Vervollständigen der notwendigen Funktionen.

Mit der Ergänzung von Funktionen kann auch wieder das Lösungsprinzip selbst vervollständigt werden müssen. Das Lösungsprinzip kann deswegen auch iterativ entstehen.

Beispiel 8.17: Viergängiges Schaltgetriebe – Lösungsprinzip

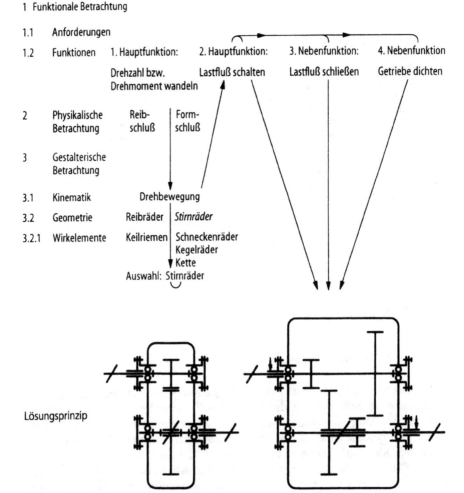

Konzipierung

1 Funktionale Betrachtung

1.1   Anforderungen

1.2   Funktionen   1. Hauptfunktion: 2. Hauptfunktion: 3. Nebenfunktion: 4. Nebenfunktion

Drehzahl bzw.   Lastfluß schalten   Lastfluß schließen   Getriebe dichten
Drehmoment wandeln

2   Physikalische   Reib-   Form-
Betrachtung   schluß   schluß

3   Gestalterische
Betrachtung

3.1   Kinematik   Drehbewegung

3.2   Geometrie   Reibräder | *Stirnräder*

3.2.1   Wirkelemente   Keilriemen | Schneckenräder
Kegelräder
Kette
Auswahl: Stirnräder

Lösungsprinzip

Bemerkung: Das erste Lösungsprinzip erfüllt noch nicht alle prinzipiellen Anforderungen, weil z.B. der Lastfluß für die geforderten 4 Gänge nicht schaltbar ist. Andere Funktionen, wie die Nebenfunktion „Getriebe dichten" ergeben sich erst aus der bestimmten Auswahl „Stirnräder" (ein Riementrieb z.B. muß insgesamt nicht abgedichtet werden). Außerdem ist auch die Gehäusegestaltung ganz wesentlich von der Auswahl der Getriebeart abhängig.

Aus den Erkenntnissen dieses ersten Lösungsprinzipes ergeben sich folglich drei weitere Haupt- bzw. Nebenfunktionen, die wiederum zu einem verbesserten Lösungsprinzip führen (die Zahl der Gänge und bestimmte geforderte Übersetzungen sind für das Prinzip unerheblich!).

Das endgültige Lösungsprinzip ist dann die Basis zur Variation der Lage, Zahl und Größe der gewählten Wirkelemente mit dem Ziel der Erstellung einer Wirk-Gesamtstruktur, die alle Anforderungen und diese nicht nur prinzipiell erfüllt.

7.2
Erarbeiten des Konstruktionsskelettes

Nach der Wahl des Lösungsprinzipes folgt die Variation in Lage, Zahl und Größe. Auch die Form steht oft noch in Frage, wenn damit das Lösungsprinzip nicht geändert wird.

Das Erfüllen der Funktion allein darf aber nicht das Ziel sein, sondern die günstige Beanspruchbarkeit, Herstell- und Montierbarkeit müssen gleichzeitig gewährleistet sein.

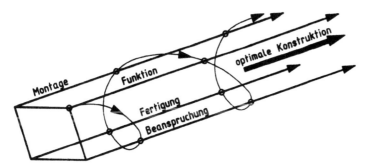

Bild 8.14. Entwicklung einer Konstruktion

Nachfolgend wird an zwei Beispielen gezeigt, wie durch Iteration bezüglich dieser vier Kriterien (siehe auch Entwurf – Bild 7.3) ein vollständiges Konstruktionsskelett entwickelt werden kann. Die jeweiligen Entscheidungen für eine Teillösung müssen aber immer aus möglichen Alternativen ausgewählt werden. Auch das endgültige Konstruktionsskelett wird sich oft erst aus einer Auswahl von möglichen ergeben.

Beispiel 8.18: Getriebe – Entwicklung des Konstruktionsskelettes

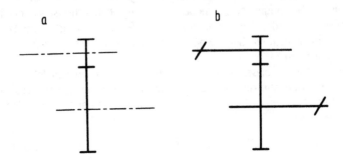

zu a) Funktion: Drehzahl wandeln
        Die Hauptfunktion wird vom Zahnradpaar erfüllt.

zu b) Beanspruchung: Drehmomentenfluß herstellen
        Die Ein- und Ausgangswelle ergänzen den Drehmomentenfluß.
        Die Wellen müssen für die Drehmomentein- und -ausleitung vorbereitet sein.

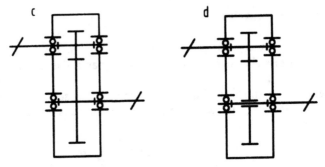

zu c) Beanspruchung: Lastfluß der Abstützkräfte schließen
        Die Zahnkräfte werden über Lager und das Gehäuse abgestützt.

zu d) Fertigung: Zahnrad und Welle trennen
        Die Radwelle aus einem Stück zu fertigen, ist unwirtschaftlich.

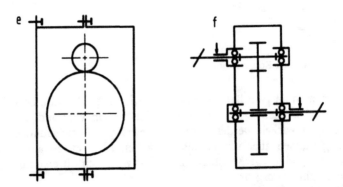

zu e) Montage: Gehäuse teilen
       Das Gehäuse wird aus Montagegründen in der Achsebene geteilt.
zu f) Funktion: Getriebe dichten
       Die Lagerstellen müssen abgedichtet werden.

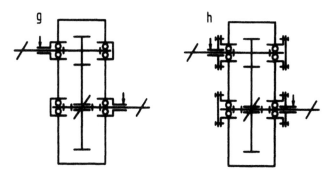

zu g) Beanspruchung: Drehmomentenfluß Zahnrad-Welle herstellen
       Das Zahnrad muß axial- und drehfest auf seiner Welle gelagert werden.
zu h) Fertigung: Durchgangsbohrung im Gehäuse herstellen
       Deckel an den Lagerstellen vereinfachen die Herstellung der Gehäusebohrung,
       stellen die Lagerabstützung sicher und können den notwendigen Austausch
       der Dichtungen erleichtern.

Beispiel 8.19: Freiflußventil – Entwicklung des Konstruktionsskelettes

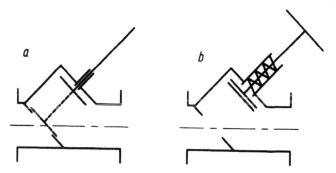

zu a) Funktion: Durchströmung öffnen und schließen
       Die Gehäusekontur und die Ventilstellungen stellen die Funktion im geöffneten
       und geschlossenen Ventilzustand sicher.
zu b) Funktion: Ventil dichten
       Der Ventilteller kann seine Funktion nur mit Dichtung erfüllen.
       Beanspruchung: Lastfluß der Dichtkraft sicherstellen
       Die Dichtkraft wird über ein Spindelgewinde abgestützt und über ein Handrad
       erzeugt.

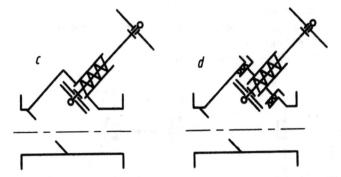

zu c) Fertigung: Spindel gliedern
Ventilteller, Spindel und Handrad werden u.a. aus Fertigungsgründen getrennt.

zu d) Montage: Gehäuse gliedern
Die Montage des Ventiltellers erfordert Trennung von Spindelabstützung und Gehäuse.

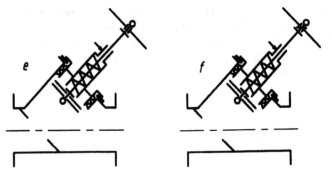

zu e) Funktion: Gehäuse dichten
Die Spindelabstützung wird zum Gehäuse und zur Spindel abgedichtet.

zu f) Beanspruchung: Drehmomentenfluß zur Spindel herstellen
Das Handrad wird drehfest mit der Spindel verbunden.

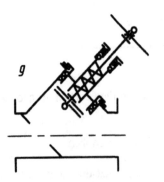

zu g)
Montage: Spindeldichtung anpressen
Die Montage der Stopfbuchsendichtung an der Spindel wird durch eine Mutter sichergestellt.

Ein Konstruktionsskelett, das derart durchdacht und sehr weitgehend fest-gelegt worden ist, erleichtert auch ganz erheblich den Einstieg in die Ent-wurfsphase. Nur anhand eines solchen klaren Konstruktionsskelettes lassen sich erste Berechnungen durchführen, mit denen eine realistische maßstäb-liche Freihandskizze erstellt werden kann.

Konzipierung

1 Funktionale Betrachtung

1.1   Anforderungen
1.2   Funktionen   Übersetzung der Anforderungen   Haupt-   Neben-   Zusatz-
                             in technische Funktionen   funktionen funktionen funktionen

2 Physikalische Betrachtung
Lösungsvarianten -- Bewertung -- Auswahl

Zuordnung der Funktionen
zu physikalischen Effekten

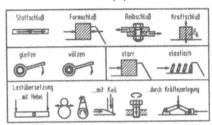

3 Gestalterische Betrachtung
Lösungsvarianten -- Bewertung -- Auswahl

3.1   Kinematik   Bewegung zur Funktionserfüllung

3.2   Geometrie
3.2.1   Wirkelemente   Bauelemente zur Funktionserfüllung
       Variation der Form

Lösungsprinzip   grobes Prinzip zur Funktionserfüllung
3.2.2   Wirk-Teilstrukturen   Kombination zu Gestaltungszonen
3.2.2.1 Variation der Lage

3.2.2.2 Variation der Zahl

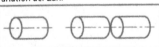

3.2.2.3 Variation der Größe (auch der Größenverhältnisse)

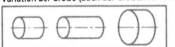

3.2.3   *Wirk-Gesamtstruktur*   Integration aller Wirk-Teilstrukturen

3.2.4   *Konstruktionsskelett*   skeletthafte vollständige Ausarbeitung

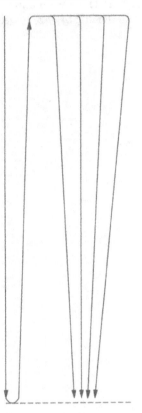

Schlußbemerkung

In der Einführung wurde die Bedeutung herausgestellt, die der Konstrukteur wegen des Einflusses auf ein zu entwickelndes Produkt hat.

Der Hauptteil (Ausarbeitung – Entwurf – Konzept) zeigt die zahlreichen Möglichkeiten auf, die sich der Konstrukteur zunutze machen kann und muß.

In dieser Schlußbemerkung soll nun die Verantwortung herausgestellt werden, die sich aus seiner Bedeutung und seinen Möglichkeiten ergibt. Die Verantwortung erstreckt sich auf mehrere Ebenen:

1
Verantwortung gegenüber dem Aufgabensteller

Der Konstrukteur bearbeitet das Konzept, den Entwurf und die Ausarbeitung. Die notwendige Klärung der Anforderungen zu Beginn der Arbeiten macht deutlich, daß sich der Konstrukteur meist intensiver mit der Aufgabenstellung beschäftigen muß als sein Auftraggeber. Außerdem erkennt der Konstrukteur im Laufe der Entwicklung zusätzlich Stärken und Schwächen seiner Konstruktion. Er weiß folglich am besten darüber Bescheid, was das zu schaffende Produkt im Betrieb bewirken wird.

Die von ihm veranlaßten Fertigungsunterlagen sind verbindliche Dokumente, die dem Betrieb bei der Fertigung und Montage keine Abweichungen zubilligen. Daraus ergeben sich andererseits auch die großen Auswirkungen, die der Konstrukteur auslöst.

Trotz der stark gewachsenen technischen Erkenntnisse ist der Konstrukteur oft nicht in der Lage, das Verhalten eines technischen Produktes im Betrieb vollständig vorauszusehen. Deshalb veranlaßt er Versuche, die den Betrieb unter gewissen Bedingungen simulieren. Da sich aber Versuche aus wirtschaftlichen und terminlichen Gründen im Rahmen halten müssen und manche Versuche sowieso nur mehr oder weniger gute Annäherungen an den Betrieb sein können (z.B. Dauerversuche unter praxisfremden Zeitrafferbedingungen), bleibt immer ein nur durch Überlegungen abgedecktes Restrisiko bezüglich der Zuverlässigkeit des Produktes.

In unserer kurzlebigen Zeit können wir immer weniger nach dem Grundsatz "trial and error" verfahren, zuerst realistisch zu versuchen und dann auf die aufgetretenen Fehler zu reagieren. Dieses Problem tritt sehr deutlich zum Vorschein bei Serien- und Massenprodukten und bei Produkten, die entscheidende Wirkungen ausüben bzw. ausüben können. Nebenwirkungen, Betriebsstörungen und Fehlbedienungsmöglichkeiten müssen bedacht werden. Aus allem resultiert die große Verantwortung des Konstrukteurs gegenüber seinem Aufgabensteller.

2
Verantwortung gegenüber gesetzlicher Verpflichtung

Die Verantwortung hat der Konstrukteur aber nicht nur gegenüber seinem Auftraggeber, sondern auch gegenüber dem Besteller des Produktes, dem Kunden, aber auch der indirekt Betroffenen, der gesamten Umwelt.

Besonders seit den 70er Jahren sind Gesetze erlassen worden, die dem Kunden rechtlichen Schutz vor negativen Wirkungen des Produktes bieten. Der Hersteller ist einer Produkthaftpflicht unterworfen. Diese Produkthaftpflicht kann zivil- und strafrechtliche Folgen haben. Während zivilrechtliche Folgen meist von der Herstellerfirma übernommen werden, hat der Konstrukteur strafrechtliche Folgen, die auf Mängel der Fertigungsunterlagen zurückzuführen sind, selbst zu tragen.

3
Verantwortung gegenüber sittlichen Werten

Die Verantwortung gegenüber Dritten darf sich aber nicht nur auf den gesetzlich definierten Rahmen beschränken.

Unsere heutige moderne Technik hat ihren Ursprung beginnend mit der industriellen Revolution im Kulturkreis des Abendlandes. Diese Technik hat mit der parallel dazu verlaufenden Demokratisierung den einzelnen Menschen nach Anfangsproblemen neben dem Wohlstand zu vorher nie gekannten individuellen Freiheiten verholfen. Diese Entwicklung hat sich seither auf praktisch alle Kulturkreise verbreitet, hat die Menschen der Erde einander nähergerückt und somit die Willkür in den einzelnen Ländern erschwert.

Seit einigen Jahrzehnten entstehen nun durch das ungezügelte Ausleben dieser individuellen Freiheiten Probleme für die Gesamtheit der Menschen, ja der gesamten Umwelt.

Bild 9.1. Verantwortungsbereiche für den Konstrukteur

Wir sollten darauf vertrauen, daß christlich-abendländische Wertvorstellungen wie zu Beginn der modernen Technik auch darauf die richtige Antwort finden, denn diese beziehen sich eben nicht nur auf den Einzelnen, sondern genauso auf die Gemeinschaft.

Der Konstrukteur trägt mit der Entwicklung von Produkten auch die Verantwortung dafür , obige Wertvorstellungen mitzuerfüllen und ihnen nicht zu widersprechen.

Literaturverzeichnis

Konstruktion

Pahl; Beitz: Konstruktionslehre. 3. Aufl. Berlin: Springer 1993
Ehrlenspiel: Integrierte Produktentwicklung – Methoden für Prozeßorganisation, Produkterstellung und Konstruktion. München, Wien: Hanser 1995
Hintzen; Laufenberg; Matek et al.: Konstruieren und Gestalten. Braunschweig: Vieweg 1989
Koller: Konstruktionslehre für den Maschinenbau – Grundlagen zur Neu- und Weiterentwicklung technischer Produkte. Berlin: Springer 1994
Ehrlenspiel: Kostengünstig Konstruieren. Berlin: Springer 1985
Linde; Hill: Erfolgreich Erfinden – Widerspruchsorientierte Entwicklungsmethodik. Darmstadt: Hoppenstedt 1991
VDI-Richtlinie 2221: Methodik zum Entwickeln und Konstruieren technischer Systeme und Produkte. Düsseldorf: VDI-Verlag 1993
VDI-Richtlinie 2222 Blatt 1: Konzipieren technischer Produkte. Düsseldorf: VDI-Verlag 1977
VDI-Richtlinie 2222 Blatt 2: Erstellung und Anwendung von Konstruktionskatalogen. Düsseldorf: VDI-Verlag 1982

Technisches Zeichnen

Hoischen: Technisches Zeichnen. 25. Aufl. Berlin: Cornelsen 1995
Böttcher; Forberg: Technisches Zeichnen. Stuttgart: Teubner 1994

Maschinenelemente

Roloff; Matek: Maschinenelemente. 13. Aufl. Braunschweig: Vieweg 1994
Köhler; Rögnitz: Maschienteile 1 und 2. Stuttgart: Teubner 1986
Niemann: Maschinenelemente Band 1. Berlin: Springer 1975
Decker: Maschienelemente. 12. Aufl. München: Hanser 1995

Springer-Verlag und Umwelt

Als internationaler wissenschaftlicher Verlag sind wir uns unserer besonderen Verpflichtung der Umwelt gegenüber bewußt und beziehen umweltorientierte Grundsätze in Unternehmensentscheidungen mit ein.

Von unseren Geschäftspartnern (Druckereien, Papierfabriken, Verpackungsherstellern usw.) verlangen wir, daß sie sowohl beim Herstellungsprozeß selbst als auch beim Einsatz der zur Verwendung kommenden Materialien ökologische Gesichtspunkte berücksichtigen.

Das für dieses Buch verwendete Papier ist aus chlorfrei bzw. chlorarm hergestelltem Zellstoff gefertigt und im pH-Wert neutral.